천문대 가는 길 　—하늘과 땅을 함께 배우는 여행길

초판발행 • 2008년 7월 30일
4쇄 발행 • 2014년 11월 28일

지은이 • 전용훈
사진 • 심보선 외
발행인 • 주일우
편집인 • 허준석
발행처 • (주)도서출판 이음
등록번호 • 제313-2005-000137호(2005년 6월 27일)

북디자인 • 오진경, 김미성
종이공급 • 일급지류(주)
인쇄, 제본 • 삼성인쇄(주)

주소 • 주소 서울시 마포구 독막로 256, 3층
전화 • (02) 3141-6126~7
팩스 • (02) 3141-6128
전자우편 • editor@eumbooks.com

ⓒ 전용훈 외, 2008 Printed in Seoul, Korea
ISBN 978-89-93166-14-9 03440

천문대 가는 길

하늘과 땅을 함께 배우는 여행길

글 전용훈 | 사진 심보선 외

이음

밤하늘을 보러 나서는 모든 사람들에게
이 책을 바칩니다.

어렸을 적부터 어머니에게 듣던 말씀 중에서 지금도 기억하는 것이
"게으른 놈이 메짐 진다"는 속담이다. 차근차근 순서에 맞춰서 하면
힘도 덜 들고 시간도 적게 걸릴 일을 어찌하면 단숨에 해치워버릴까
만 궁리하던 게으른 막내아들에게 자주 하시던 말씀이다. 그 게으름
은 천성이었던지, 나는 대학 때까지도 수학여행 한번으로 온 나라를
다 돌아봤으면 했고, 하룻밤의 관측으로 한 학기의 밤하늘 관측 과제
를 다 해치워버릴 수 있다면 좋겠다고 생각하곤 했다. 게으른 사람에
게는 즐거움도 적다. 하늘을 보는 일과 여행을 하는 일을 단숨에 후
딱 해치워버려야 할 숙제쯤으로만 생각했으니 거기에서 무슨 즐거
움을 얻을 수 있었으랴!

내가 천문학과 천문 관측의 즐거움을 본 것은 대학을 졸업하고 한
참 후의 일이다. 2000년쯤이었던 것으로 기억하는데, 경기도 안성에
있는 안성천문대의 대장으로 일하던 김지현 씨의 초대를 받았다. 내
가 지닌 동양의 전통 천문학에 대한 약간의 지식을 천문대에 온 학생
들에게 특강으로 전해주기로 했다. 저녁을 먹고 시작된 천문학 기초
강의와 특강, 이어진 관측 체험의 과정을 함께 하면서 나는 탐방객들
에게서 하늘을 보는 사람들의 즐거운 표정을 발견했다.

프로그램을 마치고 학생들이 잠자리에 든 시간, 대학에서 천문동호회 활동을 하며 주말에 안성천문대의 운영요원(오퍼레이터)으로 일하던 김지현 씨의 후배 아마추어천문가들과 함께 소위 '2차'를 했다. 사위는 어둠에 들어 조용한 가운데 먼 곳에서 이따금 개 짖는 소리가 들릴 때, 나는 소주잔에 반사된 젊은 아마추어천문가들의 얼굴에서 또 한 번 하늘을 보는 사람들의 즐거운 표정을 보았다.

이튿날 남사당패와 임꺽정의 이야기가 있는 청룡사를 둘러보면서 나는 전날 밤의 경험으로 별을 보는 일에 대한 내 생각이 달라진 것을 발견했다. 그리고 천문대에서 망원경을 통해 하늘을 보는 일은 그 일을 겪고 난 사람의 표정까지 변하게 한다는 사실을 깨달았다. 바로 지난밤부터 내가 그렇게 변하고 있었기 때문이다. 자연을 구체적으로 바라보는 일로 인해 사람의 마음이 변하는 경험, 그것이 천문대 체험이 줄 수 있는 최고의 선물이리라.

나는 이 책에서 하늘을 보는 사람들의 즐거움에 대해 썼다. 그리고 그들의 배려로 망원경을 통해 천체들을 보면서 내 마음에서 일어난 변화에 대해서도 썼다. 나는 천문대를 다녀와서 전과는 다른 사람이 되었으며, 지금도 달라지고 있다는 것을 확신한다. 내게 변화를 일으킨 것이 저 먼 우주에서 달려온 별빛이었건, 가는 길에 동행한 사람이었건, 그들과 나눈 대화였건, 혹은 길가에 핀 한 무리의 달맞이꽃이었건 상관없다. 다만 나는 천문대 가는 길에서 나의 과거와 현재와 미래에 대한 생각이 달라지고 있던 것을 솔직하게 적고자 했다. 그리하여 결국, 내 이야기를 읽은 독자들의 천문대 가는 길이, 과학지식만을 위한 학습의 길이 아니라, 자신을 둘러싼 모든 것들의 의미를 새롭게 보는 개안(開眼)의 길이 되기를 소망한다.

내가 지금 머물고 있는 일본의 교토를 처음 여행하려는 지인들에게 어디에 가보고 싶으냐고 물으면 단연코 금각사(金閣寺)라고 대답한다. 그 유명하다는 금각사의 금각을 꼭 한번은 확인하려는 것이다. 하지만 두 번째 여행을 하려는 사람에게 물으면 대답은 달라진다. 이번에는 유명하지는 않더라도 자신의 취향에 꼭 맞는 곳을 찾아봐달라고 한다. 나는 그런 사람들에게 은각사(銀閣寺)를 추천하곤 한다. 은각의 마루에 걸터앉아 천천히 차 한 잔을 마시며 정원을 바라보는 호사로움을 상상하는 맛이 내게는 온통 금박을 입힌 금각의 화려함보다 더 좋다.

충남 서산에 있는 마애삼존불은 '백제의 미소'라는 유명세 덕분인지 사람들이 많이 찾는다. 반면 그곳에서 수백 미터 정도 위쪽에 있는 보원사터는 당간지주와 오층탑, 그리고 몇 가지 석재 유물들만 남아 있어서 그런지 사람들이 별로 찾지 않는다. 하지만 나는 이곳에서 "절보다는 절터가 훨씬 좋다"는, 지금은 아내가 된 내 젊은 날의 연인의 기호가 나와도 잘 맞는 것을 알게 되었다. 그리고 보령의 성주사터, 경주의 황룡사터, 양양의 진전사터 등등 곳곳에서 절보다는 절터가 좋다는 말을 실감했다.

사실 여행의 즐거움은 비밀스런 것이다. 모두가 각기 다른 즐거움을 얻기에 그 즐거움은 이해하는 것이 아니라 공감할 수 있는 것뿐인지도 모르겠다. 마찬가지로 이 책에 들어 있는 천문대 주변의 문화유적들을 돌아보며 얻은 내 즐거움도 독자들을 이해시키기 위해 쓴 것은 아니다. 다만 내가 느낀 비밀스런 즐거움이 하나가 되고 다른 사람의 즐거움이 다른 하나가 되어 서로 공명할 수 있다면 우리가 헤아려볼 수 있는 즐거움의 개수가 늘고, 즐거움의 속이 깊어질 것이라고 기대한다.

나는 이 책을 읽는 독자들이 하루라도 빨리 자리를 박차고 천문대 가는 길에 나섰으면 한다. 그리고 그곳에 이르는 길가에서 강물과 들꽃과 나무와 절터와 석탑들을 함께 돌아보기를 권한다. 저마다 다른 은밀한 기억들을 얻겠지만, 그곳에 즐거움이 있고, 그로부터 내 마음에 변화가 생긴다는 것에는 모두가 금세 공감할 것이다.

이 책을 내기까지 내가 입은 은혜를 나열하자면, 밤하늘을 흐르다 별이 뜬 자리 바로 앞에서 멈추어준 구름에서부터 사천왕의 표정으로 원고를 독촉하던 출판사 편집자까지 한이 없을 것이다. 그러니 아무로부터 세어서 열이 되면 멈추기로 하자. 하나, 단지 초고를 쓰는 일만 내게 맡기고 그 외의 모든 일들을 혼자서 감당한 도서출판 이음의 윤병무 사장. 둘, 카메라를 들고 수고로운 여행에 함께 하며 사진을 찍어준 심보선 시인. 셋, 천문대 여행을 함께 해주고 이 책의 매장마다 들어 있는 알찬 천문 상식('별 여행 가이드')을 마련해준 김지현 씨. 넷, 마찬가지로 '별 여행 가이드'의 일러스트레이션을 맡아준 강선욱 씨. 다섯, 바쁜 일정에도 불구하고 깊은 애정으로 멋진 책을 만들어준 북디자이너 오진경, 김미성 씨. 여섯, 천문대 위치를 안내해주는 예쁜 지도를 그려준 이태한 화가. 일곱, 나를 이음으로 이끌고 와 항상 글을 쓰게 만드는 이음의 기둥 주일우 박사. 여덟, 세상의 누구보다 이 책을 응원하고 웃음으로 집필을 독려해준 고하영 씨. 아홉, 가족이 함께 보내야 할 여러 번의 주말을 천문대 여행에 빼앗기면서도 웃으며 이 책을 기다려준 아내와 인이. 열, 여러 천문대를 방문할 때마다 친절히 맞아주고 도움을 준 사람들 모두…… 마침표를 찍으려는데 함성호·김태동·성윤석·이원 등 마음 아름다운 시인들과 김동훈·문성진 등 오랜 지인들의 얼굴이 연달아 흘러간다. 아, '밤하늘의 별을 다 세지 못하는 것은 쉬이 아침이 오는 까닭'이라는 윤동주 시인의 시구처럼 내게 고마운 사람들을 다 세지 못하는 것은 열이라는 숫자가 너무 쉽게 차버리기 때문이다.

2008년 초여름 일본 교토에서

전용훈

| 차례 |

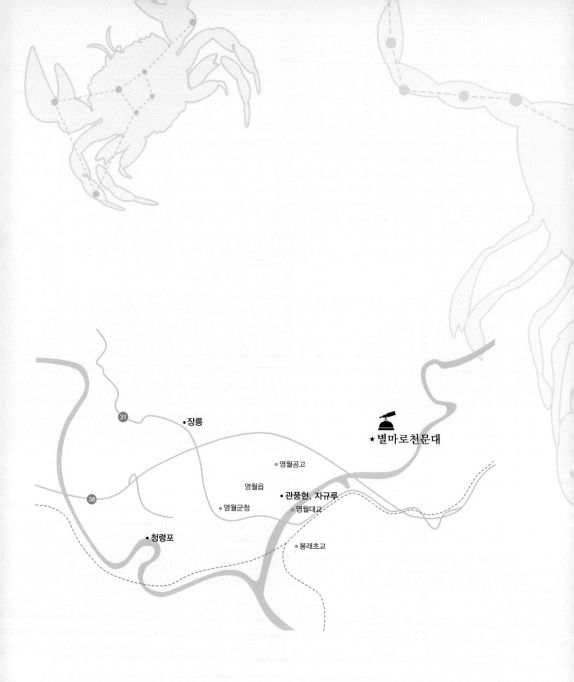

선계(仙界)에서 보는 밤하늘과 역사

영월, 김삿갓이 묻힌 자리 | 영화에 출연한 별마로천문대 | 생일에는 생일 별자리를 볼 수 없다 |
덕을 쌓은 사람에게만 드러나는 우주의 신비 | 신선의 궁전에 세운 천문대 | 단종의 슬픔을 대신 울어준 소나무

별 여행 가이드 1: 별을 찾아 떠나는 여행, 무엇을 가지고 떠날까?

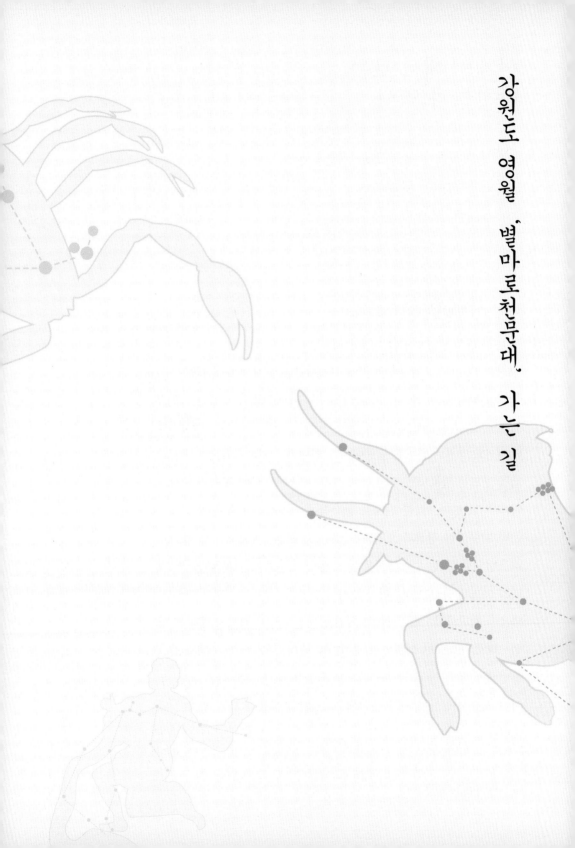

강원도 영월, '별마로천문대' 가는 길

선계仙界에서 보는
밤하늘과 역사

영월, 김삿갓이 묻힌 자리

'별과 시의 고장.' 제천을 벗어나 진행하는 찻길에 세워진 표어가 이곳이 영월임을 알려준다. 사실 이전까지 내가 그려온 영월의 이미지는 단종과 그의 유배지 청령포였다. 수많은 관광 안내서나 답사여행기에서도 영월의 간판은 단종이 아니었던가. 그러나 최근까지 동강댐을 만드는 일로 하도 매스컴에 올라서 영월은 한때 동강과 동의어가 되기도 했다. 격한 반대로 동강댐이 백지화되자 이번에는 동강주변의 수려한 경관과 오염되지 않은 강물에서 보트타기를 즐기는 래프팅으로 온 동네가 몸살을 앓고 있다는 뉴스가 뒤를 이었다. 그러자 어느새 영월은 래프팅의 고장이 되었다. 무엇보다도 지금은 기억조차 희미해졌지만, 정선에 카지노가 들어서기 전까지 영월은 정선·태백과 더불어 석탄의 고장이기도 했다. 혹시 석탄시대에 화려했던 불야성의 천국과 폐광 직후에 희망을 버린 지옥 같은 삶을 동시에 맛본 사람들이 지금 영월에 살고 있지 않을까 하는 생각이 들었다.

청령포 주변을 흐르는 강.

그런 영월이 지금은 '별과 시의 고장'이 되어 있다. 별이야 지금 찾아가고자 하는 봉래산 정상의 '별마로천문대'겠지만, 시는 무엇일까? 방랑 시인 김삿갓(본명은 병연[炳淵], 1807～1863)을 떠올리는 표지다. 가족을 버리고 방방곡곡을 떠돌며 시와 술로 일생을 보냈을 김삿갓이 자라고 끝내 묻힌 곳이 또 영월이기 때문이다. 자료를 찾아보니 김삿갓은 조선후기 세도가였던 안동김씨 가문의 아들로 태어나 남부럽지 않은 어린 시절을 보냈다고 한다. 1811년 그의 나이 다섯 살에 평안도 지역에서 홍경래가 주도한 농민봉기가 있었다. 그의 할아버지 김익순은 고위 관직인 평안도 선천방어사였다. 반란을 진압해야 할 책임자였던 김익순은 오히려 농민군에 쫓기다 항복하여 겨우 목숨을 구했다. 후에 농민군이 관군에 진압되어가는 과정에서 그는 돈을 주고 농민군 참모의 목을 사서 자신의 공으로 위장했다. 그러나 비열한 행동은 오래가지 않아 발각되었고, 결과는 사형이었다. 이미 평안도 일대, 아니 전국에 김익순의 이름은 비열한 자의 대명사가 되어 있었다. 죄는 김익순에 그쳤으나 집안 전체가 천대와 멸시에 시달릴 수밖에 없었다.

아버지마저 울화병으로 죽고 나자 어머니는 세 아들을 데리고 황해도 곡산, 경기도 광주·이천, 강원도 평창·정선을 전전하다가 영월 외곽의 하동면 와석리 노루목 마을에 정착했다. 지금도 그렇지만 영월은 화전을 일구기에도 적당하지 않은 곳이다. 의지할 사람이 아무도 없이 살아가야 했던 홀어머니 슬하 김삿갓 형제들의 간난신고(艱難辛苦)를 짐작할 만하다. 김삿갓의 어머니는 집안 내력을 철저히 숨긴 채 김삿갓을 키웠다. 총명하고 글재주가 뛰어났던 김삿갓은 지방에서 치러진 과거시험인 향시에 나가서 장원을 하였다. 과장(科場)에서 출제된 문제는 "하늘에도 미칠 김익순의 죄를 탄식하라"였다고 한다. 할아버지의 일을 전혀 몰랐던 김삿갓은 "김익순아! [……] 너는 죽은 혼조차 황천에도 못갈 놈이니 [……]"라고 썼다. 그러나 운명의 장난이란 이런 것일까? 얼마 안 있어 어머니에게서 자신이 글로써 그토록 증오했던 김익순이 바로 할아버지임을 알게 되었다. 조상을 저주한 후손으로서의 자책과 서글픈 가족사에 대한 비통, 주변의 멸시와 학대, 이 모든 것들은 결국 스물두 살의 김삿갓을 방랑으로 이끌었다. 가는 곳마다 기발하고 유려한 시구를 남기고 홀연히 사라지면 사람들은 귀한 보물처럼 그의 시구를 암송하고 찬탄해마지 않았다. 또한 사회의 부조리와 비리를 비판하고 억울한 사람들의 속을 시원하게 해주는 풍자와 해학으로 넘치는 시구들을 남겼다.

일생을 방랑으로 보낸 김삿갓은 56세에 전라남도 화순군 동복에서 죽었다. 수소문 끝에 그의 둘째아들은 아버지의 유골을 수습하여 영월에 다시 묻었다고 한다. 그저 어떤 시인의 무덤으로 인근에만 알려져 있던 김삿갓의 무덤은 1982년에야 한 향토사학자의 노력으로 확인되었다. 지금 시선(詩仙)으로까지 추앙을 받는 김삿갓은 오늘도 한적한 노루목의 무덤에서 먼 역사의 후배 문인들의 내방을 반기며 영월이 시의 고장임을 말하고 있다고 한다.

영화에 출연한 별마로천문대

영월 읍내로 들어가면 어느 곳에서나 먼발치의 산꼭대기에 은빛으로 빛나는 천문대를 볼 수 있다. 이곳이 봉래산 정상의 별마로천문대다. 별마로라는 이름은 '별'과 '마루'가 합쳐진 말이다. 마루는 산마루라는 말에서 알 수 있듯이 등성이를 이룬 지붕이나 꼭대기를 말한다. 그러니 별마루는 '별을 보는 산꼭대기'쯤 될 것이다. 천문대

별마로천문대. 영화 「라디오 스타」에서 영월 군민들을 위한 라이프 콘서트 무대가 주차장 쪽에서 펼쳐졌다. (사진 : 별마로천문대)

의 이름을 지을 때, 조금 더 예쁘고 다정한 느낌을 살리기 위해 마루를 '마로'로 바꾸어 '별마로'가 되었다고 한다.

별마로라는 이름으로도 그렇지만, 이 천문대는 여러 차례 영화에 나왔던 일로도 유명하다. 가장 대표적인 영화가 안성기와 박중훈이 연기한 「라디오 스타」다. 박중훈이 연기한 '최곤'이라는 왕년의 스타 가수가 인기를 잃고 급기야 지방 방송국의 DJ가 되어 내려온 곳이 영월이다. 안성기는 이 최곤의 매니저 역할로 출연한다. 시골 DJ가 내키지 않았던 최곤은 청취자들에게 직설적인 입담으로 불편한 심기를 드러내지만, 의외로 그런 솔직함이 인기를 얻어 서울에까지 소문이 나게 된다. 최곤에게 음반 제작 제의가 들어오고 서울의 음악 프로그램에서 스카우트 제의가 들어오는 때에 발맞추어 영월 군민 전체를 위한 라이브 콘서트가 별마로천문대의 앞마당에서 펼쳐진다. 영화에 등장하는 동네의 구멍가게나 가로수 길이 하나같이 아름답지만 특히 별마로천문대에서 내려다보는 영월 읍내와 영월을 휘둘러 흐르는 동강과 서강, 창공을 나는 패러글라이더들은 보는 사람으로 하여금 저곳이 어딜까 하는 궁금증을 자아낸다.

영화배우 김정은과 정준호가 나왔던 「가문의 영광」에서 두 사람이 망원경을 보면서 데이트를 하는 곳도 별마로천문대의 주관측실과 보조관측실이다. 김정은이 분장한 진경이라는 여성은 '별에 관심이 많다'고 하지만 사실 별에 대해서는 거의 모르고 있다. 상대인 정준호가 주로 별자리에 얽힌 이야기와 거문고자리 베가별이나 처녀자리의 스피카에 대해 설명해준다. 그런데 재미있게도 주망원경을 통해 처녀자리의 스피카를 보고 있던 진경이 "처녀같이 안 생겼는데요?" 한다. 서로 호감을 쌓아가는 대화를 맛깔스럽게 만들기 위해서 만든 설정이겠지만, 사실 처녀자리 스피카를 주망원경으로 보면서 처녀의 모습을 상상하고 또 처녀자리의 전설을 이야기하는 것은 과학과는 좀 어긋난다.

망원경은 대체로 구경이 클수록 빛을 모으는 능력인 집광력이 높아져 흐릿한 것이 자세해지고 작은 것을 크게 볼 수 있는 배율도 높아진다. 반대로 구경이 클수록 시야에서 볼 수 있는 면적은 작아진다. 그러니 구경이 800mm나 되는 별마로천문대의 주망원경으로는 처녀자리에서 가장 밝은 별인 스피카 하나를 밝게 볼 수는 있지만, 넓은 범위에 걸쳐 있는 처녀자리 전체를 볼 수는 없는 것이다. 그리고 별은 너무나 멀리 떨어져 있어서 아무리 큰 망원경으로 본다고 해도 맨눈으로 보는 것보다 조금 더 밝고 맑게 빛나는 점일 뿐 그 크기가 커지지는 않는다. 맨눈으로 보나 망원경으로 보나 별은 하나의 점일 뿐이다. 맨눈으로는 희미해서 보이지 않는 은하나 성운은 큰 망원경으로 보면 그 형태가 자세하게 드러난다. 짚신벌레 모양의

은색 플라네타륨(천체투영관) 지붕에 비치는 저녁 하늘. 구름이 걷히고 별이 뜨길 기다리고 있다.

안드로메다은하나 오리온자리의 오리온대성운 등은 구경이 큰 망원경으로 보면 정말로 예쁜 모습이 드러나 아름다움을 만끽할 수 있다. 사실 이것이 천문대를 방문하는 일반인들이 느낄 수 있는 우주의 신비 중 하나다. 맨눈으로는 아무것도 보이지 않던 컴컴한 하늘에서 점점이 박혀 있는 아름다운 보석들을 찾아내는 것이다.

영화에서 정준호는 진경에게 "현실과 타협하지 않는 결벽증은 처녀자리의 전형"이라고 말한다. 누구나 자신의 생일 별자리가 무엇이고 그 별자리에 담긴 성격이나 운명에 궁금해 한다. 생일 별자리로 성격이나 미래의 운명을 예측하는 것은 점성술의 일종이다. 영어로는 점성술을 Astrology라고 하고 천문학은 Astronomy라고 한다. '별'이라는 뜻의 Astro를 어근으로 함께 갖고 있는 것으로 알 수 있듯이 천문학과 점성술은 모두 별을 보는 것에서부터 출발한 학문이다. 동서양을 막론하고 별은 인류의 근원적 호기심과 숭배의 대상이었다. 천문학과 점성술이야말로 인류문명과 함께 시작되었고 그래서 역사가 가장 오래된 학문일 수밖에 없는 이유가 여기에 있다.

점성술은 매우 다양하지만 그 중 가장 간단한 형태는 사람이 태어난 날짜에 태양이 어느 별자리에 위치하는가에 따라 개인의 성격과 운명을 예측하는 것이다. 12개의 별자리가 하늘에서 태양이 움직여 가는 길인 황도를 따라 지정되어 있는데, 이것을 황도 12궁이라고 한다. 1월부터 차례로 염소자리 · 물병자리 · 물고기자리 · 양자리 · 황소자리 · 쌍둥이자리 · 게자리 · 사자자리 · 처녀자리 · 천칭자리 · 전갈자리 · 궁수자리다. 한 달에 한 개씩 배당하면 12개월로 딱 맞아떨어져 같은 달에 생일이 있는 사람들은 모두 같은 별자리를 가진다. 황도 12궁이 만들어지던 바빌로니아시대에는 달과 생일 별자리가 일치했지만, 지구의 세차운동 때문에 별자리와 태양의 위치가 조금씩 어긋나게 되었다. 현재 염소자리는 12월 22일부터 1월 19일 사이의 생일 별자리다. 영화에서 진경은 처녀자리라고 했으니까 생일은 8월 23일에서 9월 22일 사이에 있을 것이다.

생일에는 생일 별자리를 볼 수 없다

별마로천문대에는 반구형의 천장에 밤하늘의 모습을 구현한 천체투영관, 혹은 '플라네타륨'(planetarium)이라고 부르는 시설이 있다. 플라네타륨은 천문대 방문객들에게 망원경 관측을 위한 예비 단계

플라네타륨 내부. 가운데의 검은 로봇 모양의 기계에서 천장에 빛을 쏘아 별자리와 천체의 운동을 재현한다. (사진: 별마로천문대)

로 천문학적 원리를 체험시키고 교육시키기 위한 시설이다. 여기서는 계절마다 별자리가 바뀌는 모습이나 달이 떠올랐다 지는 모습 등 현실에서 볼 수 있는 모든 천문현상을 인공적으로 만들어내 방문객에게 보여준다. 또 수평까지 젖혀지게 특별히 고안된 의자에 누우면 들판에 누워 밤하늘을 보는 것 같은 느낌을 맛볼 수 있다. 그곳에서 오퍼레이터(천문대 운영요원)라고 불리는 전문가가 들려주는 천체운

플라네타륨의 천장에 나타난 목성. 플라네타륨에 비춘 천체들은 망원경에 보이는 모습과는 조금 다르지만 생생한 우주의 모습을 느낄 수 있다.

동의 원리와 별자리에 얽힌 이야기를 듣고 있노라면 어느새 눈은 컴컴한 환경에 완전히 적응해 실제 밤하늘을 보고 있는 듯 별나라 여행에 빠져든다.

　별마로천문대의 신기진 씨가 말해준 재미있는 에피소드가 있다. 말 그대로 칠흑 같은 어둠 속에서 총총한 별들을 본 적이 한 번도 없는 도시의 어린이들에게 플라네타륨 체험에 이어서 관측실에서 실제 밤하늘을 보여주면 어느 쪽이 진짜인지를 헷갈려한다는 것이다. 플라네타륨에서 본 별이 가짜라는 말을 들었던지 그들은 실제 밤하늘을 보면서도 "아빠, 저 별도 가짜지?"라고 묻곤 한다는 것이다.

이 정도면 플라네타륨의 역할은 백점 만점이다. 플라네타륨의 밤하늘이 실제의 하늘과 거의 똑같이 완벽하게 구현되었다는 것을 의미하기 때문이다.

별마로천문대의 플라네타륨에서는 매시간 40여 명의 사람들에게 30분씩 밤하늘여행을 선사하고 있다. 특히 이곳의 오퍼레이터의 목소리는 전문 성우를 뺨칠 정도로 낭랑하고 밤하늘에 대한 설명은 유치원 선생님을 능가할 정도로 친절하다. 성인이 되어서도 추억할 수 있는 유년의 밤하늘을 마음에 담고자 하는 어린이는, 또한 사라지고 없는 동심의 하늘을 발견하고자 하는 어른들은 플라네타륨을 나가서 곧바로 마주하게 될 영월의 밤하늘에 대한 경이와 추억을 여기에서 예비할 수 있다.

자신의 생일 별자리를 알고 있는 사람들은 천문대를 방문하는 날 밤하늘에서 자기 별자리를 보고 관련된 전설을 들었으면 하고 기대한다. 하지만 그 기대를 충족시키려면 먼저 소위 '천문학적 머리'를 조금 쓰지 않으면 안 된다. 기억해야 할 한 가지 원리는 '생일에는 생일 별자리를 볼 수 없다'는 것이다. 앞서 말했지만 생일 별자리는 자신이 태어난 날 태양이 위치한 별자리를 말한다. 태양의 기운과 별자리의 기운이 합쳐져서 자신의 성격과 운명을 결정하는 것으로 점성술은 설명한다. 낮에는 별을 볼 수 없지만 사실 대낮의 하늘에도 별은 있다. 생일날, 밝은 태양빛에 가려 보이지 않는 태양 뒤편의 하늘에 나의 생일 별자리가 있는 것이다. 태양과 하늘이 모두 서편으로 지면 동쪽에서부터 비로소 밤하늘이 보이기 시작한다. 이때 태양과 나의 생일 별자리는 지구 뒤편으로 숨어서 보이지 않고 대신 태양에서 비켜난 곳의 별자리가 보이는 것이다. 그러므로 자신의 생일날 초저녁에 잘 볼 수 있는 별자리는 생일보다 3~4개월 후의 별자리라고 할 수 있다. 여름철이 생일인 사자자리나 처녀자리의 사람들은 가을철에 생일 별자리를 잘 볼 수 있는 것이다.

그러니 천문대 여행을 데이트 전술로 삼고자 하는 사람이라면 이 원리를 기억하는 것이 좋다. 상대의 생일이 9월 근처인 처녀자리나 천칭자리라면 6월쯤에 방문하도록 하자. 방문 전에 인터넷을 통해 각 별자리에 얽힌 전설과 해당되는 사람들의 성격, 직업운 등을 찾아서 기억하는 것은 필수일 것이다. 그리고 실제 밤하늘에 대고 플라네타륨에서 배운 대로 별들을 연결하여 처녀나 천칭을 그려가면서 처녀자리 상대의 '깊은 감수성'과 천칭자리 상대의 '냉철한 이성'에 대해 칭찬해보자. 영화에서처럼 '현실과 타협하지 않는 결벽증'이라고 핀잔을 한들 상관없으리라. 어차피 동행인은 별을 함께 보는 것만으로 나에게 전날보다 배가 넘는 호감이 사랑으로 변해가는 것을 느끼고 있을 것이니 말이다.

덕을 쌓은 사람에게만 드러나는 우주의 신비

영월 읍내에 진입하면 곳곳에 별마로천문대의 이정표를 세워놓아서 별의 고장임을 실감한다. 읍내에 들어서니 언덕 위에 서 있는 영월 기상대가 보였다. 천문대 가는 길에 기상대라. 반가운 마음에 함께 간 사람들은 내가 대학에서 천문학을 전공했다는 사실을 기억하고 "오늘밤 날씨는 어떨까요?"라고 묻는다. 사실 산꼭대기에 있는 천문대의 날씨는 낮은 평지와는 사뭇 다른 경우가 많다. 읍내에는 흐리고 바람이 불어도 천문대에서는 웬만큼 별을 볼 수 있는 경우가 있고, 내내 흐렸던 날씨가 갑자기 산꼭대기 부근만 맑아지는 경우도 있다. 사실 영월은 강원도에서도 내륙 산간지방이기 때문에 안개가 적어 기본적으로 천문대가 들어설 장소로 안성맞춤이다. 별마로천문대는 1년 중 맑은 하늘을 볼 수 있는 쾌청일수가 192일이나 된다. 지난 3년간 통계를 내보면 천문대에서 관측이 가능한 날수는 약 230일이나 된다고 한다. 천문대를 방문하여 맑은 하늘을 볼 가능성이 60%가 넘는 것이다.

따라서 별마로천문대에 갈 때는 지금 흐리다고 해서 지레 실망할 필요가 없다. 산꼭대기 날씨는 아직 모르는 것이니까. 반대로 맑은 날씨에 잔뜩 기대하고 올랐는데 갑자기 구름이 몰려오는 경우는 어쩔 수 없다. "우주는 덕을 쌓은 사람에게만 신비를 드러낸다"는 그리 오래되지 않은 옛말을 떠올리고 마음의 공덕을 더 쌓는 기회로 삼으면 된다. 그리고 별마로천문대는 밤하늘을 보지 못한다고 하더

플라네타륨 돔 앞으로 펼쳐진 강원도의 산.

라도 충분히 올라가볼 만한 곳이다. 플라네타륨은 눈비에 상관없이 돌아가고, 각종 체험시설을 통해 사전 지식을 쌓을 수 있다. 그리고 하늘을 볼 수 없는 날씨에는 밤하늘을 열어주는 창문인 지름 800mm 주망원경과 20여 대의 보조망원경을 구경하는 것만으로도 우주를 향한 우리의 동심은 충분히 깨어날 수 있다.

기상과 천문의 관계에 대한 옛날이야기 하나. 대학 시절의 미팅에서 천문학과 학생이라고 나를 소개하면 상대에게서 늘 듣던 질문이 있다. "천문학을 하면 내일 날씨도 잘 맞추시겠네요?" 천문학을 아는 사람이 받기에는 우습고 모르는 사람이 하기에는 진지한 질문이 바로 이것이다. 대답은 이러했다. 학문을 높이에 따라 구분할 때, 위쪽부터 천문학·기상학·지질학이 되며, 서로는 거의 아무런 관계가 없다. 지금이야 행성대기학이나 행성지질학처럼 통합적인 학문이 있으니까 이런 분류는 좀 억지스럽고 장난스럽다고 할 수 있지만, 어쨌든 각 학문의 대체적인 특징은 드러나는 분류라고 할 수 있다. 천문학은 지구 대기권 바깥의 가장 높은 우주를 탐구하고, 기상학은 대기권을 탐구하며, 지질학은 가장 낮은 곳 지구라는 땅덩어리를 탐구하는 학문이다.

이 가운데 천문학과 기상학이 관계를 맺는 경우는 딱 하나인데, '날씨가 나쁘면 별을 볼 수 없다'는 것이다. 이런 대답을 들으면 대부분의 미팅 상대들은 자신의 무지에 대해서 부끄러워하기보다 피식 웃으면서 썰렁한 이과생의 유머로 받아들인다. 과학은 어차피 내가 하기에는 어렵고 남이 하면 좋은 것이지만, 내가 부러워하지 않아도 되는 어떤 것이라고 생각하니까. 어쨌든 한 차례 오간 우문현답 덕분에 대화는 자연스럽게 밤하늘의 천체나 우주에 대한 이야기로 넘어갈 수 있었다. 역대로 천문학과 학생에게 오래도록 연애 감정을 품은 여학생은 거의 없었다는 것은 학과 선후배 모두에게 알려진 사실이었지만.

신선의 궁전에 세운 천문대

별마로천문대로 오르는 길은 상당히 가파르다. 그도 그럴 것이 별마로는 우리나라 민간 천문대 중에서 가장 높은 해발 고도 799.8m에 위치하고 있다. 천문대의 입구에 세워진 조선 세종 때의 해시계 복원 모형에서 이곳의 좌표가 동경 128도 29분 16초, 북위 37도 11분 45초라는 것을 확인할 수 있다. 천문대로 오르는 좁은 2차선 길을 꼬불꼬불 올라가다보면 낮은 언덕에 한적한 농가가 한두 채 눈에 띌 뿐 올라가는 내내 산은 한적하다. 소나무·참나무·전나무가 우

천문대 옆 패러글라이딩 활공장에서 바라본 영월 읍내. 민가와 강산이 어우러진 모습이 참으로 아름답다.

거진 숲길을 곡예하듯 벗어나면 의외로 널찍한 봉래산의 정상부에 다다른다.

별마로천문대는 우리나라 최초로 지방자치단체에서 기획한 천문대로 이후에 세워진 천문대들의 모델이 되었다. 밤하늘 체험과 천문대 설립에 관해 시민들의 관심이 거의 없었던 1996년 당시에 영월군청에 근무하던 이형수 씨(현재 상동읍장)가 천문대의 기획안을 내놓은 것은 획기적인 일이었다. 그러나 영월에 천문대가 필요하고 밤하늘이 영월의 상징이 될 수 있다는 이 씨의 주장에 귀를 기울이는 사람들은 거의 없었다고 한다. 이 씨는 천문대와 기상대를 혼동하는 사람들부터 설득해야 하는 한심한 일에서부터 시작해 일본의 천문대들을 방문하고 연구하는 일을 7년 동안이나 계속했다. 또한 국내에서는 천문학자·건축가 등을 모아 장소를 정하고 건물을 설계하는 일에 매달렸다. 천문대 설립을 위해 봉래산 정상을 749번이나 올랐다는 이 씨의 기록과 그런 기록을 낳은 지방행정가의 열정은 오래도록 잊히지 않을 것이다. 별마로천문대가 우리나라 민간 천문대의 선구가 될 수 있었던 것은 이 씨처럼 묵묵히 노력하는 사람들과 영월군의 수년에 걸친 노력이 있었기 때문인 것 같다.

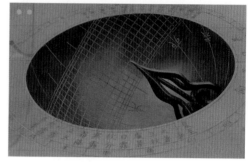

천문대의 체험 시설들.
● 키 높이 '천구의.' 어린이가 천구를 머리에 쓰듯이 들어가 서서 계절별 별자리를 볼 수 있다.
●● 조선시대의 해시계인 앙부일구. 그림자가 위치한 지점에 닿는 절기선과 시각선으로 날짜와 시각을 알 수 있다.
●●● 오목한 면이 소리를 모아주는 파라볼라 집음기. 구멍에 귀를 대보면 작은 소리가 크게 들린다. 반사망원경의 오목거울이 빛을 모으는 원리도 이와 같다.

천문대에 들어가기에 앞서 별마로천문대는 시설 준비가 매우 잘 된 곳이라는 인상을 받는다. 우선 천문대 앞마당에는 스테인리스로 만들어 좌우로 진열한 계절별 별자리판들을 볼 수 있다. 또한 대부분 지나쳐버리지만 자오선·적도·지평면·북극 등을 구현해놓은 천구의가 서 있다. 하나 더 눈여겨볼 것은 별자리를 구현해놓은 네 개의 둥근 천구 모자다. 아래가 트인 까만 구(球) 아래로 들어가 모자를 쓰듯이 서면, 구의 천장에 계절별 별자리들이 펼쳐진다. 어린이 키에 맞게 설계되어 높이가 낮지만, 구에 들어가 서서 빙 둘러보면 오늘밤 보게 될 밤하늘의 이야기가 작은 동화책에 펼쳐져 있는 느낌을 받는다. 또한 접시 모양의 파라볼라 집음기도 있는데, 이것은 반사망원경의 원리를 이해시키는 역할을 한다. 여러 방향에서 온 희미한 음파가 접시 모양의 반사면에서 초점으로 모이므로 초점에 귀를 대어보면 아주 작은 소리도 크게 들을 수 있다. 망원경의 반사경이 별빛을 초점에 모아주는 것과 같은 원리다. 1층 전망대에는 북극·위도·경도·계절·시간 등 천문학적 원리를 모두 체험할 수 있는 앙부일구(仰釜日晷)라는 조선시대 해시계가 복원되어 있다. 실내에도 각종 사진 자료와 체험 시설들이 있어서 유심히 살펴보면 재미가 있을 텐데도 방문객들은 일단 천문대 안으로 들어오면 이런 것들에 제대로 눈길을 주지 않은 채 어서 망원경을 봤으면 하는 설렘뿐인 것 같다.

별마로천문대의 주요한 시설은 세 가지로, 지하 1층에서 지상 1층에 걸쳐 있는 플라네타륨과 3층 옥상에 설치된 보조관측실, 그리고 보조관측실 앞의 주관측실이다. 천문대의 체험 프로그램은 한 시간 단위로 이 세 곳을 돌아가면서 이루어진다. 방문객은 먼저 플라네타륨에서 30분 정도 예비 천문 지식과 별자리에 대해서 설명을 들는다. 이후에는 3층 옥상으로 옮겨가서 망원경을 통해 천체를 관측한다. 보조관측실에는 구경이 작은 망원경이 여러 대 설치되어 있다. 지름 350mm, 280mm, 250mm의 반사식망원경 3대와 지름 150mm 굴절식망원경 5대로 총 8대의 망원경이 설치되어 있다.

보조관측실은 슬라이딩 돔으로 평소에는 지붕이 닫혀 있지만, 지붕을 열면 그대로 야외관측실이 된다. 망원경 관측이라는 기대에 들뜬 사람들이 모두 모이면 오퍼레이터는 천체 관측에 대한 설명과 함께 보조관측실의 지붕을 열어준다. 이때는 모두가 탄성을 지를 준비를 해야 한다. 아니 저절로 탄성이 나올 수밖에 없다. 흔히 우주의 창조를 '하늘이 열린다'고 표현하는데, 바로 하늘이 열리는 느낌을 슬라이딩 돔이 열릴 때 실제로 경험할 수 있기 때문이다. 모세의 지팡이에 홍해 바다가 갈라지듯이 지붕이 좌우로 갈라지면서 캄캄한

슬라이딩 돔이 열린 보조관측실. 플라네타륨에서 올라온 방문객은 이곳에 준비된 여러 망원경으로 오퍼레이터들의 안내를 받으며 우주여행을 한다.

하늘에 점점이 박힌 보석들이 일제히 쏟아져 내린다. 별들이 불시에 가슴을 헤치고 들어오는가 싶더니 온몸이 밤하늘에 흡수되어버리는 느낌이다. 닫힌 지붕으로 갈라져 있던 실내의 어둠과 실외의 어둠이 지붕이 열리면서 경계 없는 하나의 우주를 만들어낸다.

이어서 보조관측실에 설치된 여러 대의 망원경을 통해 오퍼레이터와 자원봉사자들이 찾아주는 달 · 행성 · 은하 · 성단 · 성운 등 다양한 밤하늘의 보석들을 볼 수 있다. 망원경으로 찾아가는 대상들은 계절과 하늘의 상태에 따라 매번 달라진다. 가장 쉽게 찾을 수 있는 달을 보는 것만으로도 망원경 관측은 특별한 체험이 될 수 있다. 망

별마로천문대의 주망원경. 국내에서 일반에 공개되는 망원경 중 구경이 가장 큰 망원경이다.

원경으로 달을 보는 순간 유년의 토끼는 사라지고 없다. 그러나 수십억 년 동안 아무도 주목하지 않았던 수많은 사건들이 달에서 일어났다는 것을 달 표면의 크레이터들이 보여준다. 우주에서 일어난 일에 비교하면 인생은 찰나에 불과하고 우리의 경험은 눈앞에서 펼쳐진 사소한 것들뿐이었다는 것을 깨닫는다. 그러면 별마로천문대에 올라오기 전까지 뒷머리를 잡아채던 일상 속에서의 욕망과 집착이 바람처럼 흩어지는 것을 느낄 수 있다. 천체를 관측하기 위해 눈을 겨눈 망원경 속에서 놀이터 아이들의 사소한 다툼처럼 가벼웠던 자신의 존재를 보는 것이다.

그래서 천문대 탐방은 과학 원리를 체험하는 것을 넘어 스스로를 우주라는 근원에 비추어보는 정화의 의식이기도 한 것이다.

주관측실의 지름 800mm 망원경은 보조관측실의 망원경으로도 희미하게만 보였던 토성의 고리와 목성의 줄무늬, 희미한 성운과 은하들을 더욱 크고 선명하게 보여준다. 이 망원경의 집광 능력은 사람 눈의 1만 배 이상이다. 1만 명의 눈에 들어온 빛을 모두 모았다고 보면 된다. 사람의 눈은 6등성까지 볼 수 있지만, 이 망원경은 16등성까지 볼 수 있다. 순서를 기다리는 일이 조금 지루하더라도 주망원경이 잡아준 천체를 꼭 한번 보는 것이 좋다. 왜냐하면 이 망원경은 우리나라에서 육안으로 천체를 볼 수 있는 가장 큰 망원경에 속하기 때문이다. 국립 보현산천문대의 구경 1.8m짜리 망원경은 구경이 이보다 훨씬 크지만 육안으로 관측하는 망원경이 아니다. 별마로천문대의 주망원경을 통해 천체를 보는 일은 천문대를 여러 번

별마로천문대에서 본 영월의 야경. 점점이 흩어지고 모이는 불빛들이 마치 밤하늘의 별무리 같다.

찾지 않는 한 일생에 단 한 번의 기회일 수 있다는 것을 생각하자.

전해오는 이야기에 봉래산(蓬萊山)은 영주산(瀛州山)·방장산(方丈山)과 함께 불사의 영약을 지닌 신선이 사는 산이었다. 새와 짐승은 모두 빛깔이 희고, 거기에는 금과 은으로 지은 궁전이 있었다고 한다. 별마로천문대 또한 사람들을 잠시나마 세속을 잊고 우주의 영원을 상상하는 신선이 되게 한다. 은빛 건물의 천문대는 신선의 궁전이요, 망원경을 통해 본 하얀 천체들은 신선들의 정원에 노닐던 새와 짐승들이 아니었을까 생각하게 한다.

주망원경 관측이 끝나면 이제 선계(仙界)를 떠나 다시 세속으로 돌아가야 할 시간이다. 하지만 돌아가기 전에 한 가지 해야 할 일이 더 있다. 천문대 옆, 낮에는 패러글라이딩 활공장이었던 확 트인 산의 정상부에서 영월 읍내의 야경과 밤하늘을 함께 바라보는 일이다. 고요한 어둠 속에 울긋불긋 희미한 도시의 불빛들이 내가 있는 곳이 진정한 선계임을 확인해준다. 저 아래에는 인생사의 온갖 희로애락을 머금은 집과 길과 사람들이 분해되지 않은 빛을 따라 흘러 다니는 지금, 나는 마지막으로 산정의 어둠 속에서 인간의 세상보다는 하늘에 더 가깝다. 발치에 채여 서걱거리는 풀, 맨땅에 드러난 돌부리를 밟으며 최후의 어둠 속에서 사랑하는 이의 손을 잡자. 그리고 돌아가면 곧 잊어버리게 될지라도 영월의 밤하늘에 빛나는 별들에 내일의 약속을 걸어두자.

단종의 슬픔을 대신 울어준 소나무

영월의 별미라는 손두부 전골로 아침을 먹고 단종의 유적을 찾아 나

선다. 기실 영월에 오면서 별마로천문대와 함께 기대한 것이 청령포와 단종의 역사였다. 조선의 제6대 왕 단종은 문종의 아들로 12세에 왕위에 올랐다. 그러나 작은아버지인 수양대군이 일으킨 쿠데타에 왕위를 빼앗기고 상왕(上王)으로 물러났다. 단종의 복위를 계획한 사육신이 죽임을 당하고 15세의 단종은 노산군으로 강등되어 영월 청령포에 유배되었다. 이후 다시 넷째작은아버지인 금성대군의 복위 계획이 발각되어 17세에 서인으로 강등되어 죽음을 맞았다.

　강원도 어느 곳이 그렇지 않으랴만 단종이 유배되던 시절의 영월은 서울에서 너무나 먼 첩첩산중이었다. 아무리 넓은 공간이라도 단절된 장소는 감옥이다. 거처가 넓고 시종이 있다고 하더라도 벗어날 수 없는 공간, 단종에게는 영월 전체가 감옥이었으리라. 그 거대한 감옥 안의 또 작은 감옥, 청령포는 아름답다. 강물 건너 조약돌밭, 돌밭 지나 모래밭, 모래밭 지나 솔밭, 그리고 솔밭 속이 단종이 머물렀던 자리다. 남한강의 줄기인 서강이 거세게 흘러 내려오다가 절벽에 막혀 휘돌아가는 자리에 외딴 섬 같은 청령포가 있다. 원래 서

서강(西江)을 건너 청령포를 오가는 나룻배. 건너편의 솔숲이 청령포다.

강의 강물은 맑고 차가워서 청랭포(淸冷浦)였다고 한다. 청랭한 강물에 배를 타고 약 40여 미터를 가면 청령포에 다다른다. 사실 엎어지면 코가 닿을 강 건너지만 배에 오르면서 아이들은 환호성을 지르고 어른들 또한 운치를 느낄 만하니 짧아서 아쉬운 뱃길이다.

지금은 청령포 솔숲에 가옥을 짓고 세간을 배치하여 단종 유배 당시의 옛 모습을 복원했다고 하지만 아무래도 세월에 묵은 느낌은 많지 않다. 옛일을 떠올려주는 것은 작은 비각 안에 세워진 비석이다. "단묘재본부유지"(端廟在本府遺址)라고 쓰인 이 비석은 1763년(영조 39년)에 세운 것으로 단종이 이곳에 머물렀다는 사실을 말해준다. 신기하게도 주변의 소나무 몇 그루가 집과 비석 쪽으로 기울어서 자라고 있다. 마치 단종에게 허리를 숙여 부복하는 듯이.

비석을 뒤로 하고 우거진 소나무 숲을 걷노라면 어느 눈도 지나치지 못할 거대한 소나무 한 그루를 볼 수 있다. 천연기념물 349호로 지정된 이른바 '관음송'(觀音松)이다. 단종의 유배 생활을 보고〔觀〕 애통한 울음소리를 들었다〔音〕고 하여 이런 이름이 붙었다고 한다. 수령이 600년도 넘는 이 소나무 아래서 보는 하늘은 장관이다. 나무는 사람 키 높이 정도에서 두 갈래로 자라 올라 힘차게 창공을 받쳐 들고 있다. 허파꽈리처럼 고불고불한 잔가지들이 하늘에 비쳐 보이는 모습은 숨이 막힐 지경이다. 밑둥치를 바라보니 한두 사람이 팔을 벌려서는 어림도 없을 육중함으로 땅을 들어 올리고 있다. 이런 광경을 떠올려 함민복 시인은 "나무가 지구를 신고 있다"고 말했던 것은 아닐까.

관음송을 지나 잘 단장된 나무 계단을 오르면 단종이 왕비 송 씨를 그리면서 쌓았다는 망향탑이 있다. 왕위를 강탈당한 억울함과 아내에 대한 그리움이 쌓인 돌마다 맺혀 있으리라. 망향탑에서 서쪽으

로 조금 언덕을 오르면 노산대가 있다. 이곳에서 강물을 내려다보면
다리가 후들거릴 정도로 아찔한 낭떠러지다. 단종은 해질 무렵이면
이곳에 올라 몇 번이나 강물에 몸을 던지고 싶은 충동을 느꼈을 것
이다.

노산대에서 내려와 다시 포구 쪽으로 가는 길에 지나치기 쉬운 이끼 낀 비석이 하나 있다. 이 비석은 "동서로 300척, 남북으로 490척은 단종이 계시던 곳이므로 일반인은 들어오지 말라"는 금지문을 담고 있다. 이른바 금표비다. 비석을 자세히 보니 거기에 씌어진 연호와 연도가 재미있다. '숭정99년.' 숭정은 명나라 의종(재위: 1628~1644)의 연호다. 의종은 1644년 명나라 반란군을 앞세운 청나라가 북경을 함락하자 스스로 목숨을 끊었던 사람이다. 숭정99년을 글자대로 받아들이면 의종은 무려 99년 동안이나 제위에 있었던 것이 된다. 그러나 사실 숭정 연호는 17년(1644)에 그친다. 숭정99년은 1726년(영조2년)으로 이때 중국은 청나라 세종(재위: 1723~1735)의 옹정4년이었다.

명나라가 만주족에게 무너진 후에도 조선에는 지속적으로 명나라에 대한 의리를 주장하면서 중국대륙의 새로운 지배자인 청나라와 관계 개선을 반대했던 사람들이 있었다. 청나라에 대한 반감은 만주족을 변방의 미개한 민족으로 오랫동안 무시해왔던 타성에서부터

단종이 머물던 자리에 함부로 들어오지 말라는 금표비. 갓이 깨어진 채 금표비는 제 머리에 세월의 이끼를 키우고 있다.

시작하여 병자호란(1637) 때 인조가 만주족의 청나라에게 항복하
고 온 나라가 유린당하면서 훨씬 강해졌다. 조선은 청나라에 항복하
고 사대 관계를 맺었기에 외교적인 문서에는 청나라의 연호를 사용
할 수밖에 없었다. 그러나 국내에서 이루어지는 일에는 어떻게든지
청나라는 무시하고 명나라에 대한 의리를 지키고자 했던 사람들이
많이 있었다. 극도의 반감으로 청나라 연호가 인쇄된 달력의 겉장을
뜯어내고 썼던 사람도 있었다. 숭정99년이라는 연호와 연도도 이런
태도의 산물이다. 명나라 마지막 황제의 연호를 계속 사용함으로써
여전히 조선은 명나라의 신하국이며 자신은 명나라의 신하임을 드
러내고자 했던 것이다. 지금 생각해보면 전혀 실용적이지 못한 국가
간의 의리라는 것을 조선의 일부 유학자들은 그토록 지키려고 했던
것이다. 아마 이곳 금표비에 그런 연대 표기를 했던 것은 단종에 대
한 신하들의 의리가 중요하다는 것을 간접적으로 드러내려 한 의도

청령포의 솔숲에 자리 잡은
단종의 유배 가옥.

는 아니었을까.

　사실 단종이 청령포에 머문 기간은 몇 개월밖에 되지 않는다. 유배된 지 수개월 만에 청령포 일대에 수해가 나자 단종의 거처는 영월군 객사로 옮겨졌다. 그리고 그곳에서 그는 최후를 맞았다. 현재 영월읍내의 주택가에 남아 있는 관풍헌(觀風軒)과 자규루(子規樓)를 볼 수 있다. 단종의 최후에 관한 역사의 기억을 더듬고자 한다면 청령포보다 관풍헌이 더 어울릴 것인데, 이곳을 찾는 사람은 많지 않은 것 같다. 청령포를 찾는 많은 발길과 휑뎅그렁한 관풍헌의 앞마당을 생각할 때 어쩌면 단종의 역사는 기억되는 것이 아니라 소비될 뿐인지도 모르겠다는 생각을 했다.

　아무도 없는 관풍헌의 앞마당에서 그날에 처절했을 단종의 죽음을 되짚어본다. 단종과 관련된 이야기를 모아 숙종 때(1711) 편찬한 『장릉지』(莊陵誌)를 보니 의금부도사 왕방연은 사약을 가지고

멀리 보이는 장릉. 낮은 경사의 솔숲을 지나 곧장 걸어가면 말안장처럼 생긴 길 끝에 장릉이 있다.

왔지만 차마 먹으라는 말을 못하고 머뭇거렸던 모양이다. 그런 참에 다른 시종이 나서서 노끈으로 단종의 목을 졸랐다고 한다. 단종의 죽음과 함께 목을 조른 시종 또한 피를 토하고 급사했다고 한다. 그의 급사는 사실이 아니라고 하더라도 필시 이후의 생은 편치 않았을 것이다. 모시던 주인의 목을 졸라야 했던 시종의 삶은 또 얼마나 기구한가. 또 다른 설에는 단종 스스로 목을 매 숨졌다고도 하는데, 흔히 알고 있는 것처럼 사약을 받아 마시지 않았던 것은 분명한 것 같다. 아무튼 이때 단종의 나이 꽃다운 열일곱이었다. 12세에 왕이 되어 15세에 쫓겨나 17세에 아무도 거들떠보지 않는 시신으로 남은 것이다. 다행히 엄흥도라는 의인이 나서서 강물에 던져진 시신을 수습하여 현재의 장릉에서 쫓기듯 장사지냈다고 한다.

엄흥도는 산속에서 노루가 앉았던 자리만 눈이 쌓이시 않았기에 그곳에 장사지냈다고 한다. 급하게 장사지냈다고 하지만, 단종의 무덤인 장릉은 풍수가들 사이에서 천하의 명당으로 손꼽힌다. 평지에서부터 소나무 숲길을 200여 미터 올라와 한숨을 돌리려는 찰나 탁 트인 시야의 중심에 멀리 장릉이 들어서 있다. 여기서부터 무덤까지 말안장에 올라탄 듯 좌우를 둘러보며 걷는 기분이 참으로 상쾌하다. 장릉은 산의 정상부에서 조금 내려와 완만한 구릉에 자리 잡고 있어서 보는 사람으로 하여금 편안함을 느끼게 한다.

장릉은 숙종 때(1698)에야 비로소 왕릉 대접을 받게 되었다. 원래 왕릉으로 만들어진 것이 아니어서 그런지 규모는 다른 왕들의 무덤에 비하여 작다. 그럼에도 불구하고 정교하게 조각된 석물(石物)들은 왕릉의 위엄에 손색이 없다. 장릉이 다른 왕릉과 구별되는 점이 몇 가지 있다. 먼저 장릉은 서울에서 가장 멀리 있는 왕릉이다. 조선시대 왕릉은 서울에서 백 리를 벗어나지 않는 곳에 두는 것이

원칙이었다고 한다. 또한 보통의 왕릉이 접근이 쉬운 낮은 구릉에 있는 데 비해 장릉이 낮은 산이지만 정상 부근에 자리 잡은 것도 특별하다. 단종의 죽음과 장사의 과정이 그렇듯이 장릉은 서울에서의 거리나 무덤의 위치에서도 예외였다. 또 보통의 왕릉에는 왕을 호위하는 문인석(文人石)과 무인석(武人石)을 나란히 두지만 장릉에는 무인석이 없다. 일설에는 칼 든 자에게 왕위를 빼앗겼기 때문에 무인석을 두지 않았다고 한다. 죽어서도 신하들의 반란을 두려워해야 하는 불안은 늘 진행형인 모양이다.

장릉을 지키는 문인석. 옆에서 고개를 숙인 말도 슬퍼하는 것 같다.

근래 마음이 바른 사람과 술을 마신 적이 있다. 지금은 CI 디자인을 하는 이 사람은 생이 다하기 전에 꼭 가구 디자인을 해보고 싶단다. 그래서 본업에 바쁜 중에도 새로운 전문지식을 쌓기 위해 열심이다. 그의 꿈은 의자를 만드는 것이다. 그것도 '세상에서 가장 편한 의자'라고 한다. 앉으면 세상살이의 온갖 시름을 잊고 달콤한 휴식으로만 지낼 수 있는 의자일까? 그의 이야기를 들으면서 의자의 모양을 그려보았다. 안락함에 집중하여 가죽소파 같은 것만 떠올리다가 문득 다른 생각이 들었다. 형태와 구조는 답이 아닐지도 모른다. 아무리 허름하고 허술하게 만들어졌을지라도 돌아가신 할머니가 쓰시던 의자라면 편안하지 않을 리 없다. 그래 필시 이야기요, 역사일 것이다.

청령포를 나오는 길에 강변에서 민물조개를 훑고 있는 사람들을 보았다. 얕은 바닥을 한참 더듬거리더니 이내 열댓 개의 민물조개를 물 밖으로 던져놓는다. 강바닥에서 조개를 긁어 올리는 그들을 보면서 내가 별마로천문대와 영월을 돌아보며 긁어 올린 것은 무엇이었을까 생각해보았다. 유년을 지나며 잃어버린, 빛나는 밤하늘과의 재회. 단종의 이야기가 묻어 있는 자리에서 나눈 과거와의 대화. 꽤 풍성한 수확이다.

별을 찾아 떠나는 여행, 무엇을 가지고 떠날까?

세상에서 가장 오래되고, 가장 커다랗고, 가장 아름다운 미술관은 어디일까? 헤아릴 수 없이 많은 작품이 걸려 있고 어느 하나 소중하지 않은 것이 없다. 너무 멀리 있는 탓에 찾아갈 엄두조차 내지 못하는 사람도 많다. 하지만 '하늘 미술관'은 마음을 가다듬고 살며시 고개를 들어 하늘을 보는 것으로 문이 열린다.

별을 찾아 떠나는 여행은 아주 특별한 경험을 안겨줄 것이다. 천체 망원경은 숨어 있는 하늘의 보석들을 보여줄 것이다. 달 표면의 크레이터, 토성의 고리, 별을 휘감은 가스 구름, 튀밥처럼 흩어진 별무리들, 그리고 수천억의 별이 소용돌이를 이룬 은하가 있다.

그리고 밤하늘로 향하는 여행길에 도움을 주는 준비물이 있다.

나침반
별을 찾거나 그 움직임을 짐작하려면 방향을 아는 것이 좋다. 나침반으로 동서남북을 확인하고 나면 밤하늘이 더 가깝게 다가온다.

쌍안경
꼭 필요한 것은 아니지만 구할 수 있으면 챙겨간다. 맨눈으로 보는 것보다 수십 배 이상 밝고 맑은 별빛을 볼 수 있다.

손전등
천문대는 대부분 어두운 곳에 있다. 비상용 손전등은 필수! 단, 별을 볼 때 사용하려면 전등 앞에 빨간색 필터(또는 비닐)를 씌워 빛을 약하게 한다.

두꺼운 옷, 모자
망원경이 제일 싫어하는 것이 인공적인 빛과 열이다. 그래서 망원경이 들어 있는 방(Dome)은 난방을 할 수 없다. 한여름을 제외하고는 두꺼운 옷을 꼭 준비해야 한다. 모자도 필요하다. 우리 몸 열기의 4분의 1이 머리에서 빠져나가기 때문이다.

별자리 책
하늘에 촘촘히 박힌 별 사이에서 길을 잃지 않게 해주는 지도다. 찾고자 하는 천체들을 별자리 지도에서 미리 찾아두면 밤하늘 여행이 낯설지 않다.

시계, 기록장
별과 만나는 특별한 날, 일기는 아니더라도 관찰 기록은 남기도록 하자. 특별한 천문 현상을 보게 되면 정확한 시간을 적어두자.

따뜻한 차, 간식
별 구경도 식후경. 간단한 먹을거리는 밤하늘 여행객의 출출한 속을 달래준다.

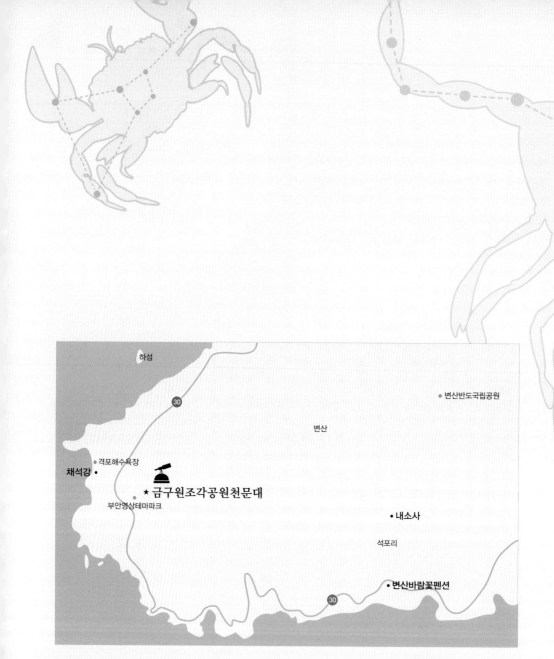

호랑가시나무와 내소사의 기억

달의 여인들이 기다리고 있는 곳 | 그곳의 봄밤은 꽃향기와 별에 취한다 | 오, 참을 수 없는 나의 사랑 망원경 |

잊을 수 없는 하쿠다케 혜성! | 돌 속으로 들어오는 밤하늘, 돌 속에서 나눈 추억 | 채석강에서 열리는 입맛, 눈맛! |

침대에 누우면 펼쳐지는 밤하늘 | 내소사 전나무 길 끝에서 만나는 천 년의 세월

별 여행 가이드 2: 우주를 향해 열리는 눈, 천체 망원경

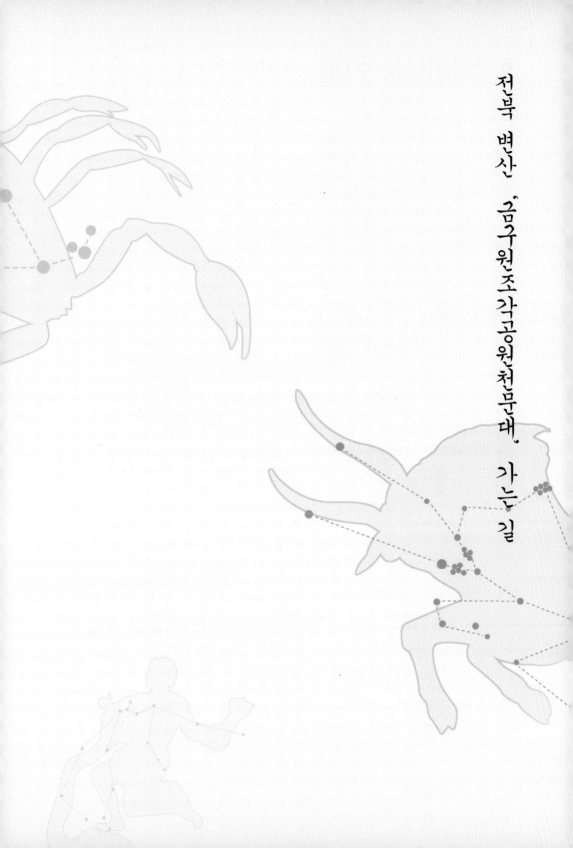

전북 변산 '금구원조각공원천문대' 가는 길

호랑가시나무와 내소사의 기억

○
│
○
│
○

달의 여인들이 기다리고 있는 곳

강원도 횡성의 '천문인마을'을 운영하는 조현배 화백이 부러워했던 한 사람이 있었다. 조 화백은 1층에 아틀리에(atelier)를 마련하고 2층에 천문대를 두어 예술가와 천문인의 삶을 동시에 이루는 사람이 되고 싶어 했는데, 이제 천문인마을에서 그 바람대로 살고 있다. 그런데 그런 그가 딱 한 사람, 그보다 먼저 이 꿈을 실현한 사람이 있어 '최초'라는 칭호를 빼앗겼다고 농담처럼 아쉬워했다. 전라북도 부안군 변산에 우리나라 개인 천문대 1호이자 예술가와 천문인의 삶을 동시에 살아내는 한 사람이 있으니, '금구원조각공원'과 '천문대'를 운영하는 김오성 화백이다.

우리나라에서 유일하게 지평선이 보인다는 김제평야의 들판을 지나 '줄포 나들목'에서 변산반도로 빠져 들어간다. 내소사의 표지를 뒤로 하고 곰소항의 갯내와 양식장에서 퍼 올려지는 소금물을 구경 삼아 채석강 가까이까지 다다른다. 그리고 '금구원조각공원천문대'의 표지를 따라 조금 들어가면 먼발치에서 희끗희끗 희미한 것들이 금방 아름다운 여체의 조각품으로 다가온다. 주차장을 마련해놓은 입구를 막 들어서자마자 거대한 화강석으로 만든 공원의 표지와 함께 조각된 여인의 얼굴에서부터 이곳이 심상치 않은 예술적 공간임을 느낄 수 있다.

대나무 숲길로부터 시작되는 조각공원은 농촌 개척자이자 교육가였던 김 화백의 선친이 자리 잡은 곳이란다. 그리고 1960년대부터 조각공원은 김 화백의 개인 작품을 야외에 전시하면서 조금씩 틀을 갖추었고, 1980년대에는 변산 지역의 명소가 되었다. 1990년대 초부터는 김 화백이 아예 서울에서 이곳으로 이주하여 지역에서 작품 활동을 하고 조각공원을 관리하면서 숲은 더욱 잘 가꾸어졌고 야외 전시 작품의 수도 계속 늘어났다. 1998년에 불어 닥친 태풍으로 그동안 키운 큰 나무들이 대부분 쓰러지는 아픔을 겪었지만, 김 화백

주차장에서 금구원조각공원 천문대로 가는 오솔길. 왼편에 길게 이어진 호랑가시나무와 동백나무가 잎사귀들을 반짝이며 방문객을 맞아준다.

은 다시 동백나무와 호랑가시나무를 심어 아름다운 공원으로 가꾸어냈다.

공원 입구에 들어서서 각각의 조각품들로 이어진 오솔길을 따라 가노라면 주변에 서 있는 나무와 숲이 희끗한 여인의 부끄러운 몸을 감추었다가 드러내주곤 한다. 높이 6m가 넘는 대형 작품에서부터 손바닥만한 소품에 이르기까지 조각품들은 나무 뒤 수풀 사이에서 조용히 관람객을 부르고 있다. 천천히 숲길을 걸으며 그들 모두에게 인사를 나누는 것은 도시에서 가져보지 못한 느린 삶에 대한 향수를 자극하고 자연과 예술이 어우러진 순수한 가치를 일깨우는 것 같다. 연꽃이 핀 연못가에서, 혹은 제 몸마저 비틀어 돌기둥을 타고 올라간 등나무 아래 너른 석상(石床)에서 한 잔의 차를 천천히 즐기는 것도 이곳에서만 맛볼 수 있는 여유가 될 것이다. 그리고 둘레를 돌

조각 소품을 전시하고 있는 둥근 모양의 전시실이 조각공원과 천문대 입구에 자리하고 있다.

아보면 호랑가시나무와 동백과 편백나무, 참대나무들이 바람을 따라 손짓하는 사연을 들을 수 있다.

약 1만 평방미터의 너른 공원에서 예술품이 아닌 것은 아무것도 없다. 풀과 나무들이야 자연의 조각품이고, 여기에 함께 어울리는 조각품들은 예술가의 손을 거쳐 탄생했으니 말이다. 그리고 거대한 공처럼 둥근 모양의 소품 전시실과 천문대를 겸한 주거용 가옥 또한 김 화백의 설계로 만들어진, 세상에 하나밖에 없는 예술작품이다. 한 폭의 눈길을 주거용 건물의 서편에 자리 잡은 둥근 돔에 주어보자. 그것이 김 화백이 만든 우리나라 최초의 민간 천문대이자, 우리나라 유일의 조각공원 천문대다. 적갈색 동판 지붕 안에는 한때 한국 최고의 성능을 자랑했던 구경 206mm 굴절망원경이 있다. 이곳은 김 화백 자신은 물론 그동안 이곳을 다녀간 약 1만 명에 이르는,

소품 전시실 내부. 달의 크레이터 모양의 창으로 빛이 들어오길 기다리는 조각 작품들이 자태를 뽐내고 있다.

별을 사랑하는 사람들이 밤하늘을 향하여 내뱉은 입김을 고스란히 간직하고 있다.

녹슨 철제가 그대로 드러난 둥근 모양의 소품 전시실, 그리고 공원 아래쪽 먼발치 길가에 비슷한 모양으로 서 있는 작업장의 모양은 꽤나 특이하다. 이 형상은 지구의 동반자 달을 형상화한 것이라고 한다. 그리고 보니 암갈색으로 둥글게 둘러진 천장에는 유리로 만든 작은 창들이 나 있다. 달의 크레이터(crater, 운석구덩이)인 것이다. 이 크레이터 창문을 통해 들어오는 햇빛이 내부의 조각품들을 비춘다. 그러면 대리석과 화강석으로 만들어진 조각품들이 저마다 독특한 빛깔을 드러낸다. 빛의 방향에 따라 시시각각 달라지는 작품들은 빛을 사랑하는 예술가의 머릿속에서만 나올 수 있는 독특한 아이디어인 것 같다.

김 화백은 천문 관측이 자신의 예술적 관점에 큰 영향을 준 것 같지는 않다고 말했지만, 전시된 작품들과 제목들을 잘 들여다보면 밤하늘과 관련되는 것들이 많이 있다. 모로 누워 하늘을 보고 있는 여인상의 제목은 「하늘은 맑은데 별은 다 세지 못 하도다」다. 또한 「티끌」이라는 제목이 붙은 작품은 어떤 여인이 바위에 감싸인 채 얼굴을 드러내려는 장면을 보여준다. 그런데 가까이 가서 조각의 윗면을 보면 그곳에도 달의 크레이터가 있다. 이 크레이터로 석양이나 아침의 햇살이 비스듬히 비치면 그림자 지고 윤곽 또한 뚜렷해져서 달속에 있는 진짜 크레이터의 모습을 만들어내곤 한다. 작품 「달과 여인」은 달을 안으려는지, 달에 빨려 들어가려는지 알 수 없는 한 여인과 초승달이 함께 표현되어 있다. 이 작품도 가까이 가보면 달의 표면에 여러 개의 크레이터가 돋아나 있는 것을 볼 수 있다. 김 화백은 이렇게 천문학적인 소재를 자신의 작품 가운데에 드러나지 않게 새겨놓았다. 전시된 작품들의 곳곳에서 천문학적인 소재들이 쓰이고 있는 것을 관람객들이 찾아보는 것도 재미있는 일일 것 같다.

그곳의 봄밤은 꽃향기와 별에 취한다

김 화백은 겨울 하늘보다는 봄 하늘을 좋아한다고 한다. 겨울철 하늘은 대기 상태도 맑고 투명할 뿐만 아니라 밝은 별들도 많다. 황소자리의 알데바란과 플레이아데스성단, 오리온자리와 베텔게우스, 큰개자리의 시리우스, 쌍둥이자리의 폴룩스와 카스트로, 마차부자리의 카펠라, 그리고 페르세우스자리 등 아름다운 별자리들과 밝은 별들이 많이 있기 때문에 겨울철 밤하늘은 누구에게나 인상적이다.

넓은 잔디 공원 안의 조각된 여인들이 저마다의 아름다운 포즈를 취하고 있다.

사람들은 늘 밤하늘에서 밝고 반짝이는 부분에 눈을 집중한다. 하지만 김 화백은 빛나는 별들 사이에 존재하는 어둠의 빛깔을 즐긴다고 한다. 어둠은 아무런 빛깔이 없는 그저 어둠인 것으로 생각하기 쉽지만, 사실 어둠에도 빛깔이 있다는 것이다. 바로 이 어둠의 색깔이 가장 아름다운 계절이 봄이고 그 때문에 그는 봄철의 밤하늘이 가장 좋다는 것이다. 특히 여명과 해질녘에 드러나는 별이 없는 하늘의 색깔은 말로 형용하기보다는 직접 체험할 것을 권했다. 그가 좋아한다는 봄철의 밤하늘은 작품에도 드러난다. 그의 작품 「봄 하늘의 별자리」는 아름다운 여인이 공중에 거꾸로 매달려 있는 모습이다. 밤하늘을 조금 아는 사람이라면, 이것이 대지의 여신 데메테르의 딸 페르세포네로 알려진 처녀자리가 동쪽 하늘에서 거꾸로 매달린 채 떠오르는 모습을 형상화한 것이라는 것을 짐작할 수 있을 것이다.

그가 봄철 밤하늘을 좋아하는 또 하나의 이유는 꽃향기 때문이라고 한다. 조각공원 천문대는 사철 풀과 나무들의 향연이 펼쳐지지만, 특히 봄에는 두 가지 향기가 탐방객들에게 강렬한 추억을 선사한다고 한다. 등나무와 호랑가시나무의 향기가 그것이다. 4월 중순에 개화하는 호랑가시나무는 조각공원에 진입하는 뭇 생명체들을 취하게 할 정도로 천지가 진동하는 향기를 선사한다. 변산에는 특히 호랑가시나무 자연 군락이 천연기념물로 지정되어 보호되고 있을 정도로 호랑가시나무에 안성맞춤인 기후로 알려져 있다. 이쯤에서 이성복의 시집 『호랑가시나무의 기억』이 떠오른다. 시인은 세월을 인내한 할머니의 거칠게 굽은 손마디를 보고 말로만 전해들어온 호랑가시라는 나무 이름을 떠올렸다고 한다. 그런 세월에 묵은 삶의 무게가 가시에 담겨 있어서 그런 것일까. 다음에 올 때는 5월의 조각공원에서 그토록 진하다는 이 나무의 향기를 꼭 찾아보리라 결심

해본다. 또한 김 화백의 말처럼 "코피를 터트릴 향기"가 나는 등나무도 봄이면 온 시골 동네의 벌들을 불러 모은다고 하니, 향기에 취하고 밤하늘에 취하는 봄날의 금구원조각공원이 거기 있을 것이다.

오, 참을 수 없는 나의 사랑 망원경

김 화백은 마흔이 되던 1984년에 처음으로 망원경을 샀다고 한다. 당시 신문지상에 대서특필된 핼리혜성의 내방 때문이었다. 그는 망원경이 너무나 갖고 싶어서 값이고 성능이고 따질 일이 아니었다고 한다. 그러나 이때의 망원경은 그다지 좋은 성능이 아니었던지 그것을 가지고 관측한 기억 중에서 특기할 만한 것은 거의 없다고 회상했다. 어쨌든 혜성에 흥분하여 이를 보기 위해 앞뒤 재지 않고 무조건 망원경부터 사야겠다는 막무가내 천문인 기질이 밖으로 드러난 최초의 사건이었다.

두 번째 망원경은 구경 80mm의 일본산 굴절망원경이었다. 1986년에 구입한 이 망원경을 통해 본격적으로 관측이 시작되었다. 특히 이 망원경은 1988년 화성 대접근을 관측할 때 요긴하게 쓰였다. 그는 붉은 화성의 모습은 물론 극관도 관찰함으로써 주변 사람들의 부러움을 한 몸에 받았다. 나중에 그의 망원경이 성능이 좋다는 것이 알려지자, 당시 활동하던 육영천문회에서는 그의 망원경을 빌려 공개 관측회까지 열었다고 한다.

밤하늘의 천체를 보고 싶다는 무작정의 욕구에서 출발하여 천문 관측을 하고 망원경을 구입했던 그는 시간과 경험이 쌓여가면서 집광력이니 분해능이니 하는 망원경의 원리에 대한 이해가 넓어졌고,

아울러 관측 기술도 날로 좋아져갔다. 그러자 더불어 더 좋은 망원
경을 가지고 싶은 욕구도 커져갔다. 구경 80mm 망원경 안에서 보
일락 말락 한 은하들은 어서 더 크고 성능 좋은 망원경을 구해서 자
기들을 보라고 손짓하고 있었다. 그는 아마추어 천문가들이 대부분

걸리는 이른바 밤하늘 중독에 빠져든 것이다. 가물가물한 천체들을 본 듯 만 듯 아쉽게 만난 밤이면 그들의 모습을 제대로 보여줄 좋은 망원경에 대한 아쉬움에 잠을 이룰 수가 없었다.

궁하면 통한다고 했던가. 때마침 열렸던 개인전에서 많은 작품들이 팔려 작은 집 한 채 장만할 돈을 마련할 수 있었다. 그런데 좋은 망원경에 대한 그의 열망은 집을 사는 데 쓰려던 그 돈을 밤마다 자꾸만 망원경 사는 데로 용도 변경을 하고 있었다. 그리고 끝내는 집을 살 것인가 망원경을 살 것인가의 고민으로 만들어버리고 말았다. 2, 3개월을 밤마다 뒤척이며 고민한 끝에 내린 결론은 역시 중독된 천문인답게 망원경일 수밖에 없었다.

그런데 구경 150mm 망원경을 구입하기로 하고 값을 알아보니 4천만 원이 넘었다. 이것은 너무 비싸다 싶어서 국내에서 직접 제작을 하고자 했으나 그것도 여의치 않았다. 여러 대를 한꺼번에 만든다면 모를까 한 사람이 주문한 한 개의 렌즈를 연마하는 것으로는 국내 제작자가 수지타산을 맞출 수 없었기 때문이었다. 그는 일본과 미국의 천문 잡지를 뒤졌다. 그리고 일본 잡지에서 아스트로-피직스(ASTRO-PHYSICS)라는 이름의 미국 회사 망원경을 발견했다. 목표물을 발견한 그의 흥분은 짧은 영어 실력에도 불구하고 곧바로 미국 회사에 직접 편지를 보내는 용기로 바뀌었다. 가격은 1천 7백만 원 정도였다. 여전히 부담스런 가격 때문에 그는 조각가답게 "망원경 값 대신에 당신들이 원하는 동상을 만들어주면 안 되겠느냐"고 생떼를 썼다. 그들이 들어줄 리 없었다. 그렇다면 길은 하나였다. 그는 망원경을 빨리 가지고 싶다는 욕심에 전체 가격의 3분의 1을 먼저 송금하고, 다달이 잔액을 나누어 송금하면서 망원경이 도착하기를 기다렸다. 드디어 1988년 가을, 구경 178mm의 굴절망원경이 손에 들어왔다. 원래 12개월 분할 지불하고 곧바로 받기로 한 망원경이었으나, 세관에서 문제가 발생해 22개월이 걸려서 겨우 입수할 수 있었다. 그는 "말로 표현할 수 없는 흥분이었다"고 이때를 회상했다.

그가 새 망원경을 구입했다는 소식과 그것으로 한국인 누구도 보지 못하는 밤하늘을 혼자서 보고 있다는 소식은 금세 국내 아마추어 천문가들 사이에 퍼져나갔다. 대학 동아리에서 열심히 활동하던 젊은 천문인들이 그의 망원경 주위로 몰려들었다. 그리고 다른 천문인들과 관측하는 날이면 모임은 순식간에 잔치로 변했다. 이른바 '스타 파티'(Star Party)라고 부르는 별잔치가 자연스레 만들어졌던 것이다. 한국에서는 하나뿐인 커다란 망원경 속에 나타난, 지금까지 한국 땅에서는 누구도 보지 못한 밤하늘을 보는 일은 누구에게나 감

김오성 화백이 꿈에도 그리던 아스트로-피직스 천체 망원경이 관측실 돔 안에서 세월의 때를 묻히고 있다.

동이었다.

　하지만 새 망원경으로 얻었던 이런 즐거움은 집 한 채와 맞바꾼 것이었으니, 그는 여전히 내 집 없는 가난한 조각가로 한참을 더 지내야 했다. 그러기를 3년여, 그는 변산에 정착하기 위해 지금의 조각공원에 집을 짓고 있었다. 그런데 '좋은 망원경이 있는데 어떻게 하겠냐?'는 유혹의 마수는 이번에도 그를 비켜가지 않았다. 1991년, 지난번 178mm 망원경을 공급했던 아스트로-피직스 사(社)에서 구경 206mm의 최신 망원경을 디자인하고 있는데 구입할 의향이 있느냐는 문의가 왔다. 밤하늘에 빠져 있는 아마추어 천문가에게 좋은 망원경이 있는데 사지 않겠냐는 유혹은 도저히 뿌리칠 수가 없는 것이다. 그는 이번에도 짓고 있던 새집 대신에 망원경을 선택할 수밖에 없었다. 다행히 집 전체를 포기한 것이 아니라 집의 내장재

온전히 팔의 힘으로 열심히 손잡이를 돌려야 드르륵거리며 천천히 열리는 관측실 돔이 어두워지는 하늘을 보여주고 있다.

를 고급에서 중급, 중급에서 저급으로 바꾸어 절약한 돈으로 망원경을 살 수 있었으니 그것으로 위안을 삼았다. 화려한 집보다는 좋은 망원경에 욕심내는 이상한 사람의 선택을 그저 웃으며 받아들여주었다는 김 화백의 부인을 보면서 그녀도 절반 이상 밤하늘, 혹은 김 화백에 중독이 되어 있는 것을 알 수 있었다.

그리고 1992년, 드디어 국내 최고 성능의 구경 206mm 굴절망원경이 들어와 금구원조각공원천문대에 설치되었다. 이 소식은 국내 언론에 크게 다뤄지면서 수많은 국내 아마추어 천문가들의 가슴을 설레게 했을 뿐 아니라, 김 화백을 일약 유명인사로 만들어버렸다. 수많은 천문인들이 그를 알게 되었고, 그의 천문대를 찾게 되었다. 그의 집은 망원경을 보러 오는 사람들 모두의 소유가 되었고, 천문대는 연일 넘쳐나는 천문인들로 북새통을 이루었다. 그 많은 방문객들 틈에서 그의 부인과 식구들의 사생활은 모두 사라졌고, 집 전체가 날마다 넘쳐나는 천문가들의 공동 관측소가 되어버렸다.

그럼에도 불구하고 찾아오는 사람들을 말릴 수 없었다. 당시의 조각공원천문대까지 들어오는 길은 비포장 길이었다. 좋은 망원경을 구경하고 싶어서, 그 망원경으로 별을 보고 싶어서, "버스에서 내려 4, 5km를 걸어서 찾아오는 천문인들을 어떻게 오지 말랄 수 있겠어요?" 김 화백 부인의 말이다. 새 망원경을 찾아 궁벽한 시골의 천문대까지 걸어서 찾아오는 이들이 언제나 좋은 망원경에 들떴고 선명한 천체들의 모습에 숨이 막혔던 자신들의 지난날의 모습과 꼭 닮아 있었던 것이다. 조각가나 그의 부인이나 천문대를 찾아오는 아마추어 천문가들이나 모두가 같은 열망을 가진 사람들이었다.

잊을 수 없는 하쿠다케 혜성!

그가 지금껏 보았던 천체들 중에서 가장 멋진 것은 무엇이었냐고 물어보았다. 그는 단연코 1996년에 나타난 하쿠다케 혜성을 꼽았다. 그리고 이 혜성을 본 것으로 집 대신 망원경을 산 일에 대해 아무런 후회가 남아 있지 않다고 자부했다. 그는 망원경의 시야에 들어온 하쿠다케 혜성에서 혜성의 핵으로 보이는 얼음을 보았다고 한다. 이 글거리는 불덩이 속에 투명한 그 모습을 눈으로 확인한 순간, '아, 이것은 한국에서 나만 본 것이다'라는 은밀한 감동이 밀려왔다고 한다. 이 외에도 그는 1994년 슈메이커레비 혜성이 목성에 충돌하던 장면과 1997년 헤일밥 혜성을 관측한 경험도 여러 차례 천문대를 찾아오는 사람들에게 소개한다고 한다. 그가 마음속에 숨겨두고 한 개씩 꺼내 들려주는 이야기의 개수와 감동의 깊이가 얼마나 될지, 자신의 망원경과 천문대를 가진 천문인의 은밀한 풍성함이 부럽기

시원한 등나무 아래서 해맑은 웃음을 지으며 자신의 미술 세계와 천문 관측에 대해 이야기하고 있는 김오성 화백.

만 하다.

　그는 천문대가 세워졌을 때부터 1997년까지 약 5년 동안 찾아오는 모든 사람들과 함께 별을 보았다. 한 번이었건 여러 번이었건 그의 천문대를 다녀간 사람들은 모두 친구가 되고 선후배가 되었다. 그는 1998년 인사동에서 열었던 자신의 개인전에 놓였던 수많은 꽃다발과 꽃송이들이 모두 천문대를 다녀갔던 한 사람 한 사람들의 우정과 애정의 표시라고 믿고 있다. 그 수북한 꽃 더미가 모두 그의 망원경과 천문대를 중심으로 쏟아졌던 추억과 낭만의 이파리였던 것이다. 그의 천진난만함은 집을 포기하고 망원경을 사게 만들었지만, 그것은 도리어 그의 집에 마실 오는 모든 사람을 친구로 만들었다. 그는 내게 "호랑가시나무가 피면 또 오라" 했지만, 나는 지금 혜성을 보았던 장면을 설명할 때 빛나던 그의 눈빛과 얼굴에 번지던 미소가 생각나서 오늘 당장 금구원조각공원천문대에 다시 가고 싶어진다.

　그는 1998년부터 모시고 있던 아버님의 병환이 위중하게 되어 천

아직 완성되지 않은 작품 「달의 여인」 뒤편으로 천문대 돔이 구름이 걷히고 서해의 달이 뜨길 기다리고 있다.

문대로 찾아오는 손님들을 더 받을 수가 없었다고 한다. 밤새 밤하늘 이야기를 하는 것이야 '참을 수 없는 인생의 즐거움'이지만, 자식으로서 병석의 아버지를 옆방에 두고 사람들과 함께 웃고 떠들 수는 없었다. 손님을 흔쾌히 받아들일 수 없는 어려움을 호소하자 사람들은 이해해주었다. 아버님이 타계한 후 2000년 무렵부터는 각지에 시민 천문대나 사설 천문대가 많이 세워지면서 밤하늘을 보려는 사람들을 이끌어갔다. 덕분에 조각공원에는 사람들이 조금씩 줄어들어서 바쁜 손님맞이에서 조금 해방되었다고 한다. 지금은 때때로 예약을 하고 찾아오는 손님들에게만 망원경을 보여주고 밤하늘 이야기를 나누고 있다.

돌 속으로 들어오는 밤하늘, 돌 속에서 나눈 추억

이곳의 천문대는 개인 천문대인 만큼 여느 시민 천문대의 시설을 생각하면 조금 실망한다. 이곳의 건물이라고 해야 집과 조각품 전시동이 전부다. 화강석으로 외장을 두른 건물 서쪽에 약간 녹슨 돔이 천문대다. 현관을 들어서면 바로 거실인데, 왼쪽으로 난 나무 계단을 오르면 2층이다. 그곳에 올라가면 길쭉한 서까래가 네 방향에서 올라오면서 중앙에서 만나 사각뿔을 만든다. 사각뿔 지붕 아래 2층 전체는 개인 서재로 꾸며져 있다. 여러 천문 서적들과 구경 178mm 굴절망원경이 주인의 손때를 간직하고 있다. 그리고 접안렌즈들을 담아놓은 상자들과 그림들이 구석의 공간을 메우고 있다.

관측실은 이 2층 구석에 난 조그만 나무 문을 통해 들어갈 수 있다. 관측실로 이어진 길은 오직 이것뿐으로 입구는 거실과 2층 방으로부터 들어오는 잡광을 차단하기 위해 매우 작게 설계되어 있다. 어른 한 사람이 상체를 숙여야 겨우 기어들어갈 정도다. 관측실은 동판으로 제작된 반구형 돔을 제외하면 모두 화강석으로 두껍게 벽을 쳐서 매우 단단하고 육중하다. 내부로 들어가보면 바깥에서 보는 것과 달리 엄청나게 견고하게 지어져 있다는 것을 알 수 있다. 이것은 천문대를 본가 건물과 연이어 지으면서도 본가 내부의 열과 빛으로부터 차단시키는 이중의 목적을 달성하기 위한 것으로 이 모든 아이디어들이 김 화백 자신에게서 나왔다고 한다.

쪽문을 통과해 돔 안쪽으로 들어가 계단을 서너 개 올라 돔 마루에 닿는다. 마루는 나무로 되어 있어서 시골 할머니 댁의 마루에 있는 느낌을 갖게 한다. 한눈에 눈길을 잡는 것은 기다란 굴절망원경의 위용보다 그 망원경을 떠받치고 있는 삼발이 가대(架臺, 장치대)다. 검붉은 동남아시아산 자단목으로 만들어진 가대는 예술가의 손길이 닿은 아름다운 모습이다. 망원경 진동을 막기 위해 바닥 3m 아래에서부터 마루와 분리되어 올라온 중심 기둥 위에 단단하고 두꺼운 삼각형 받침대를 세웠고, 그 위에 다시 자단목 삼발이가 버티고 있다. 삼발이는 1m 정도 위에서 한 축으로 모여 둥근 기둥을 형성하고 이 기둥이 망원경의 지평면을 지지하며 그 위에 적경과 적위 축을 따라 자동으로 추적하는 마운트(mount)가 설치되어 있다. 망원경을 지지하는 둥근 자단목 기둥에는 조각가의 손길이 닿아 막 생명을 얻으려는 네 여인이 서 있다. 망원경과 마운트는 앞서 언급한 대로 미국의 아스트로-피직스 사(社) 제품으로 1990년대 한국에 도입된 굴절망원경 기종 중에서 가장 우수한 망원경의 하나였다. 이 망원경으로 비교적 가까운 천체인 행성을 관측하면 선명한 상(像)이 드러나 굴절망원경의 장점을 잘 느낄 수 있다.

관측자 일행이 돔 안으로 모두 들어오면 입구의 문을 닫는다. 그리고 돔 마루로 난 작은 계단을 판재로 덮는다. 이제 돔 내부는 완전히 깜깜한 어둠 속이다. 이런 채로 더듬더듬 레버를 돌려 돔을 열면 그르륵 그르륵 기어가 돌아가는 소리와 함께 돔의 문이 살짝 열린다. 이때 밤하늘이 순전한 어둠이 아님을 깨닫는다. 김 화백이 말했던 밤하늘의 색깔이 이때 드러난다. 하늘의 상태에 따라, 계절에 따라, 시간에 따라 각기 다른 색깔의 밤하늘이 조금씩 열리는 돔으로 비쳐 들어오는 것이다. 내가 보았던 하늘은 어슴푸레하게 검푸른 빛깔이었다. 돔이 열리고 십여 분 넘게 어둠에 눈을 적응시키고 돔 내부의 공기가 외부의 공기와 조금씩 섞이면서 망원경이 온도와 공기에 적응한다. 사실 망원경이 바깥 환경에 완전히 적응되려면 두 시간 정도 지나야 하지만, 성마른 손님들을 위해 서두를 수밖에 없다.

김 화백은 먼저 목표물을 정하고 눈대중으로 망원경을 겨냥한다.

조각공원 마당가에 피어난 달맞이꽃이 관측 돔을 뒤로 하고 피어 있다.

이제 주변을 시야가 넓은 파인더로 살피면서 목표물을 찾아 조준한 다음, 주망원경 시야에 목표물을 고정한다. 망원경은 극축이 맞춰 져 있어서 추적 장치를 작동시키면 자동으로 목표물을 따라 계속 움 직인다. 목성의 줄무늬나 M13의 새털 같은 모습은 기억에 남는 것 이었다. 하지만 나는 그보다 대여섯 명의 지인들이 어두운 돔에서 벽을 더듬거리면서 망원경을 찾아가서 천체를 보고, 뒷사람에게 자 리를 양보하고, 또 서로가 보았던 천체들에 대해, 지금껏 지녀왔던 각자의 추억들에 대해 도란도란 이 야기하던 그 상황이 더 생생한 기억 으로 남는다.

누구는 돔 바닥에 누워서 하늘을 보기도 했고, 누구는 김 화백의 조 각 작품들에 왜 여성이 많은가를 묻 기도 했다. 김 화백은 슈메이커레 비 혜성이 목성에 충돌하던 순간을 바로 이 망원경으로 목격했노라고 했고, 이 망원경은 미국에서 들여 온 그 순간부터 자신의 소유는 아니 라고 했다. 값을 치른 것은 자신이 지만, 이것을 통해 보았던 밤하늘 은 모두의 것이고, 또 앞으로도 더 많은 망원경의 공동 소유자들이 밤 하늘을 함께 볼 것이기 때문이라고 했다. 누구는 아이들과 꼭 다시 와 서 밤새워 이곳에서 별을 보고 싶다

우주의 비밀이 궁금한 듯 여 인 조각상이 전시실의 둥근 창을 올려다보고 있다.

고 했고, 누구는 애인의 손을 잡고 사랑의 입맞춤을 별을 통해 전하고 싶다고 했다. 나는 망원경 하나를 중심에 둔 작은 공간에서 이렇게 많은 이야기와 이렇게 많은 사연들이 공유될 수 있다는 것이 참으로 인상적이었다. 돔 안에 모였던 사람들이 쉬이 밖으로 나오고 싶지 않을 것임은 체험으로 알 것 같다. 천문대의 밤이 아름다운 것은 밤새 밤하늘 이곳저곳을 돌아다니고 보았던 천체와 놓쳐버린 천체들을 모두 사랑하고 내일의 밤하늘을 또 기약할 수 있기 때문이 아닐까.

채석강에서 열리는 입맛, 눈맛!

밤하늘 관측에 들어가기 전 저녁식사로 채석강과 인접한 격포항의 군산식당에서 먹은 백반정식이 참 맛있었다. 상에 차려진 밴댕이젓 같은 한 젓가락에 밥 한 그릇이 모자랄 정도로 골골한 맛이 일품이었다. 생전 학교와 직장 근처 식당만 드나들었던 서울내기들은 열두 가지가 넘는 반찬들에 무엇부터 손이 가야 할지 몰라 어리둥절할 뿐이었다. 이 집에서는 처음부터 손님 숫자보다 밥그릇을 더 내오는데 '이 많은 반찬을 다 맛보려면 밥이 모자랄 것은 뻔하다'는 것을 미리 주지시키는 것 같았다. 아니나 다를까 간장게장, 갈치조림, 된장찌개 등 모든 반찬들에 한 번씩이라도 손이 갈라치면 밥공기는 어느새 비어 있었다. 숟가락을 놓으려는 찰라 아예 남은 밥을 국에 말아서 다 먹으라고 밀어주시는 내 고향의 어머니처럼 전라도의 밥상은 기어이 식객의 배를 고통스러울 정도로 불려놓고 만다. 이 집에는 유명 방송배우들이 남겨놓은 격문과 서명을 꽤나 많이 모아두었는데,

바다를 향해 넓게 깔린 층암 너머로 채석강의 아침 바다가 운무에 싸여 있다.

그들의 평가도 맛있게 잘 먹었다는 말을 달리 표현한 것들뿐이다. 채석강 근처에는 드라마 촬영소가 있는데, 이곳에 내려온 방송배우들이 맛을 찾아 군산식당에 들른 모양이다. 호남의 음식 맛이야 전국이 다 아는 것이니 주변의 어느 밥집에 가더라도 비슷한 맛과 인심을 즐길 수 있지 않을까.

변산 하면 많은 사람들이 채석강을 기억한다. 이곳은 격포항과 인접하여 있는데, 모래사장을 이룬 해수욕장을 중심으로 좌우에 펼쳐진 멋진 층암절벽이다. 조선시대에는 전라우수영의 수군이 진을 두었던 격포진이 있던 곳이라고 한다. 기나긴 세월 동안 파도에 깎인 돌가루가 켜켜이 쌓였다가 이것이 온도와 압력의 변화로 인해 암석이 되고 다시 바닷물이 바위를 깎아내서 현재의 모습이 되었을 것이다. 설명문대로 "마치 수만 권의 책을 쌓아놓은 듯하다." 설명문에는 "선캄브리아대의 화강암, 편마암을 기저층으로 한 중생대 백악기의 지층"이라는데, 보통 사람에게는 암호 같은 단어들을 다 제하고 백악기라는 말에서 공룡이 살던 시대를 연상할 수 있다. 썰물 때에는 바위를 거닐면서 공룡 발자국이 있는지 찾아보는 것도 즐거운 산책이 될 수 있다. 만일 찾으면 역사에 남을 발견이 될 것이다. 채석강이라는 이름은 중국 당나라의 이태백이 배를 타고 술을 마시다가 강물에 뜬 달을 잡으려다 빠져 죽었다는 채석강과 흡사하여 붙여진 이름이라고 한다. 그렇다면 강물에 띄운 이태백의 배 대신에 격포항에 늘어선 횟집을 놀이 배 삼아서 천오백년 전 중국의 시인이 즐겼던 채석강의 주흥을 재현해보는 것도 도를 넘은 사치는 아닐 것이다.

침대에 누우면 펼쳐지는 밤하늘

채석강에서 내소사를 향하는 길에 아담한 돔이 하얗게 빛나는 한 집을 찾았다. 사실 전날 금구원조각공원을 찾아가는 길에 천문 관측 돔이 눈에 띄어 귀로에 들려보기로 했던 집이다. 알아보니 사실 이 집은 '변산바람꽃'이라는 이름의 펜션이었다. 행정구역상으로는 부안군 진서면 운호리의 작당마을인데, 바다에 면한 언덕에 있어서 남서쪽으로 바다가 확 트여 있고, 주변 언덕으로 해당화가 숲을 이룬 멋진 자리였다. 밀물 때면 마루 아래 언덕까지 물이 들어오니 마치 바다에 떠 있는 배에 올라와 있는 느낌이다. 두 채가 함께 서 있는데 그 중 한 건물의 옥상에 작은 관측 돔이 설치되어 있었다. 1층에는 찻집이 열려 있고, 망원경이 마루에서 바다를 향해 서 있다. 한눈에 이곳의 주인이 천문 관측에 뜻을 둔 사람이라는 것을 느낄 수 있다.

들어보니 이곳은 원래부터 밤하늘을 관측할 수 있는 테마 펜션으로 설계되었다고 한다. 2층에 있는 방들에는 모두 지붕으로 투명창이 설치되어 있어서 침대에 누우면 그대로 밤하늘이 펼쳐지는 멋진 구조를 하고 있었다. 옥상에 조그맣게 만들어진 관측 돔에는 14인치 셀레스트론(Celestron) 반사망원경이 설치되어 있다. 금구원조각공원천문대 돔의 5분의 1 정도로 서너 사람 정도가 들어가 앉으면 딱 맞을 아담한 돔이었다. 야외 바비큐로 저녁을 먹고 시원한 바닷바람을 마주하다가 수평선 위로 하나씩 별들이 돋아나면 옥상의 돔에 올라와 한 가족이 도란도란 이야기하며 밤하늘을 만끽할 수 있을 멋진 설계였다. 또한 늦은 밤 침대에 누워 천장으로 펼쳐진 멋진 밤하늘을 바라보면서 주변 곰소항이나 격포항으로 드나드는 배들의 고동소리를 들어보는 것은 얼마나 설레는 장면일까 생각해보았다. 방마다 특별히 마련된 엠프 시설, 조그마한 칵테일 바, 목조 목욕통에 바다에 면한 창을 완전히 터주어 전망을 살려놓으니 실내에서는 마치 최고급 크루즈선에 와 있는 기분이다.

채석강에서 내소사로 가는 길에 있는 천체 관측 테마 펜션 '변산바람꽃' 전경.

'변산바람꽃' 펜션의 침실에
누우면 머리맡으로 '별이 빛
나는 밤'이 펼쳐진다.

이곳 주인은 원래 천문 관측에 취미를 가지고 있었고, 목조 펜션
주택을 짓는 일을 하는데, 이 집을 견본으로 지었다고 한다. 일본에
서는 도시에서 먼 시골마을에 이처럼 천문 관측을 테마로 한 펜션들
이 있다고 들었지만, 이것이 우리나라에도 만들어졌다는 것이 참으
로 반갑고 뿌듯했다. 벽체와 마루가 모두 나무로 되어 있어서 깨끗
하고 따뜻한 느낌이 들고, 관리가 잘되어 청결한 상태가 마음에 들
었다. 함께 갔던 사람들은 모두 이구동성으로 꼭 한번 와서 머물다
가고 싶다는 바람을 말했다.

내소사 전나무 길 끝에서 만나는 천 년의 세월

부안에는 볼거리도 많다. 변산반도의 북서쪽에는 구암리의 고인돌
군, 단풍나무가 숲을 이뤄 들어가는 길이 예쁜 개암사, 조선시대의
명기인 이매창의 시비 등이 있다. 금구원천문대에서 곰소항 쪽으로

내소사로 이어지는 아름다운 전나무 숲길. 아름드리 전나무 사이로 청설모들이 뛰어놀고 있었다.

나오는 남쪽으로는 호랑가시나무 군락지와 경내에 1천 년 묵은 느티나무를 품고 있는 내소사, 조선후기 실학의 선구자 반계 유형원 선생이 살던 마을이 있다. 나는 이번에는 꼭 내소사를 가보기로 했다. 그곳은 모두가 찾을 만한 절이기도 할뿐더러 내게는 특별한 기억이 있는 곳이기 때문이다.

1980년대 후반 어느 가을날, 나는 우리나라에 천문학이라는 학문을 싹틔우고 만년에는 천문학사 연구도 개척하신 소남 유경로 선생님의 뒤를 따라 내소사에 와본 적이 있다. 아마 학회가 끝난 후 단체 여행을 이곳으로 왔을 것이다. 그때는 이곳에 다다르는 길도 비포장이었던 것으로 기억한다. 우리 고전과 전통에 해박하셨던 선생님으로부터 당시 내소사에 대해 여러 가지를 들었을 것이지만, 지금까지도 생각나는 것은 단 한 가지뿐이다. 신라의 통일 전쟁에 원군으로 파견되었던 당나라의 소정방이 다녀갔다고 해서 '내소사'로 이름 붙여졌다는 이야기다. 책을 찾아보니 실제로 소정방이 시주를 했다고 하여 붙인 이름이라는 전설이 있으나 근거를 삼을 만한 기록은 없다고 한다. 믿기 어려운 이야기가 내 기억 속에는 그리 오래도록 또렷이 기억되고 있는 것은 내소사가 선생님과 함께 했던 몇 번 안되는 소중한 기억 속의 한 장소이기 때문일 것이다. 5년 전쯤 다시 변산에 왔을 때도 나는 내소사 앞에서 선생님과의 여행을 생각했었고, 소정방의 전설을 떠올렸던 기억이 있다. 비록 그때는 입구에서부터 주차료를 너무 비싸게 부르고 입장료까지 터무니없이 비싸서 항의하는 뜻으로 차를 돌려서 개암사를 찾았지만.

예나 지금이나 내소사로 들어가는 전나무 길은 참으로 좋다. 건설교통부에서 선정한 '아름다운 길 100선'에 뽑히기 이전부터 나는 이 길을 기억하고 있다. 아름드리 전나무들이 터주는 터널 속에 침엽수

들이 뿜어내는 피톤치드라고 불리는 상쾌한 나무 향을 들이쉬며 걷
는 길은 오대산 월정사에 들어가는 전나무 길과 광릉수목원으로 들
어가는 소나무 길을 방불케 한다. 원시의 자궁으로 진입하는 안온한
상쾌함이라고 할까. 일주문에서 약 600m의 전나무 길을 지나면 사
천왕상이 버티고 있는 천왕문에 이른다. 이쯤까지 맑은 나무 향에
소독하고 속세의 더러움이 다 씻길 만할 때, 천왕문 사이로 거대한
느티나무가 보인다. 한눈에 보통 나무에서 볼 수 없는 오래된 생명
의 웅혼한 기가 느껴진다. 수령이 1천 년이라고 한다. 경내는 성품
이 단정한 누군가의 손길을 입고 있는지 참 깨끗하고 단정하다. 나
무며 건물이며 돌계단이며 축대며 보이는 풍경이 모두 욕심 없는 손
길만 입은 듯 자연스럽다.

특히 봉래루는 건물도 예쁘지만 기둥을 받치고 있는 주춧돌들이
높이가 제각각이고 이에 따라 기둥의 길이도 제각각이어서 이 절의

내소사에서 천 년을 살아온
느티나무가 사찰의 긴 역사
를 증명해주듯 우뚝 서 있다.

주제가 자연스러움이라는 것을 암시하는 것 같다. 또 문살에 꽃을 장식한 대웅전의 문은 기어이 다가가서 카메라의 셔터를 눌러야 할 듯이 매혹적이다. 줄을 이룬 연꽃과 국화꽃이 쇠못 하나도 쓰지 않고 정교하게 짜 맞춘 문살에 붙어 있다. 조선 인조 때(1633) 지어졌다는 대웅전은 이 건물이 왜 국보가 되지 못했을까 의아심이 들 정도로 멋진 자태로 고색을 내뿜고 있다. 저고리 소매처럼 살짝 올라간 처마며 그 아래로 세 단으로 장식된 공포는 우리나라 절에서만 볼 수 있는 아름다움이다. 대웅전에는 원래 단청이 입혀져 있었고 거기에 얽힌 재미있는 전설도 있다고 하지만 지금은 세월 탓인지 단청이 없다. 그런데 그 덕분인지 내 눈에는 건물의 자연스러움이 더욱 살아나서 내소사 전체의 자연미와 잘 어울리는 것 같다.

내소사를 나와서 전나무 숲길을 다시 걸으며 문득 나는 예전에 선생님과 함께 왔던 때의 기억이 경내에는 하나도 남아 있지 않다는

단청을 입히지 않아 더욱 자연스러운 고색이 느껴지는 대웅전의 꽃을 장식한 문살.

것을 깨달았다. 당나라 장수 소정방의 이야기를 빼놓고는 절의 아름다움과 고즈넉한 분위기를 당시에 나는 전혀 느끼지 못했던 것 같다. 혈기만 앞선 젊은이였던지 아니면 이기심으로 뭉뚱그려진 채 주변을 보지 못하는 외눈박이였기 때문일 것이다. 지금 보니 참으로 철모르던 시절이었다. 지금이라고 크게 달라진 것은 없지만, 그래도 나는 지금 선생님의 뜻에서 멀지 않게 천문학사를 공부하고 천문학의 주변을 떠나지 않은 채 아름다운 사람들과 아름다운 이야기를 찾아다니고 있으니 조금은 다행이다.

우주를 향해 열리는 눈, 천체 망원경

망원경은 1608년 네덜란드의 한스 리페르셰이(Hans Lippershey)가 처음 발명한 것으로 알려져 있다. 그는 안경 만드는 일을 하다가 우연히 두 개의 렌즈를 적당한 거리에 겹쳐놓으면 물체가 크게 보인다는 것을 발견한 것이다. 망원경이 발명되었다는 소식을 전해들은 갈릴레오 갈릴레이는 스스로 원리를 깨닫고 망원경을 만들었다. 그는 망원경을 천체 관측에 이용하여 역사를 장식할 위대한 발견을 해냈다. 갈릴레오는 달의 크레이터, 금성의 모양 변화, 목성 위성의 움직임 따위를 관찰했다. 인간의 눈으로만 인식했던 우주가 새로운 모습을 드러내기 시작한 것이다. 갈릴레오 이후 천문학은 천체 망원경과 함께 발전했다.

천체 망원경은 크게 세 부분으로 나눌 수 있다. 렌즈가 들어 있는 경통과, 경통을 지지하는 장치대, 경통과 장치대를 받쳐주는 다리이다. 경통은 빛을 모으는 방법에 따라 반사식, 굴절식, 반사굴절식 등으로 나눈다. 장치대는 망원경의 경통을 움직여 천체를 찾을 수 있도록 도와주는 부분이다. 장치대는 적도의식과 경위대식으로 나눈다. 적도의식은 적경, 적위축을 따라 움직인다. 경위대식은 방위각, 고도가 변하는 방식이다. 다리는 접고 펼 수 있는 삼각대 방식과 기둥으로 된 고정식이 있다.

망원경에는 렌즈가 지닌 두 가지 기능이 결합되어 있다. 첫째는 먼 곳에 있는 물체의 상(像)을 맺히게 하는 결상 기능이다. 보통 볼록렌즈나 오목거울을 써서 멀리 있는 물체의 빛을 모으고 초점 거리만큼 떨어진 곳에 상을 맺는다. 둘째는 맺힌 모양을 크게 해서 보는 접안렌즈의 확대 기능이다. 다시 말하면 볼록렌즈나 오목거울이 별빛을 모아 초점 부위에 모양을 맺어놓으면 접안렌즈로 그 모양을 확대해서 보는 것이다.

천문대에서 망원경을 볼 때는 이렇게 해요!

★ 천체 망원경에 손이나 몸이 닿지 않도록 한다. 망원경이 흔들리면 제대로 된 상을 얻지 못한다.

★ 시력이 나쁜 사람은 망원경의 초점 조절을 다시 해야 하는 경우가 있다. 이때는 망원경 운용자에게 부탁해 맞추어달라고 한다.

★ 너무 희미해서 잘 안 보이는 천체를 관찰할 때는 '주변시' 라는 방법을 쓴다.
관찰할 천체만 뚫어지게 보지 말고 주변을 흘긋 보다가 천체를 보면 오히려 더 잘 보인다.

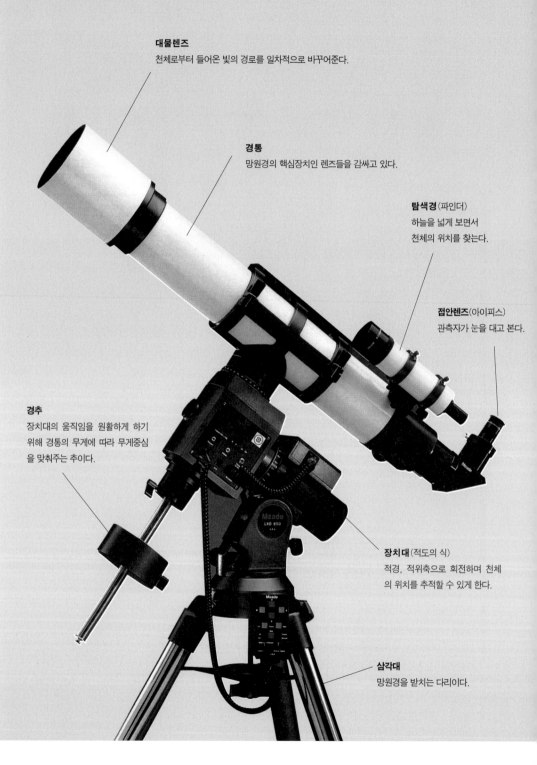

천체 망원경 구조 ▶ ▶ ▶

대물렌즈
천체로부터 들어온 빛의 경로를 일차적으로 바꾸어준다.

경통
망원경의 핵심장치인 렌즈들을 감싸고 있다.

탐색경(파인더)
하늘을 넓게 보면서
천체의 위치를 찾는다.

접안렌즈(아이피스)
관측자가 눈을 대고 본다.

경추
장치대의 움직임을 원활하게 하기
위해 경통의 무게에 따라 무게중심
을 맞춰주는 추이다.

장치대(적도의 식)
적경, 적위축으로 회전하며 천체
의 위치를 추적할 수 있게 한다.

삼각대
망원경을 받치는 다리이다.

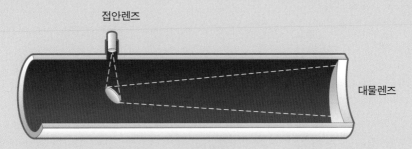

접안렌즈

대물렌즈

반사식 망원경

반사식 망원경에서 가장 널리 쓰이는 것은 뉴턴식 반사망원경이다.
포물면으로 된 주 반사경이 빛을 모아준다.

대물렌즈

접안렌즈

굴절식 망원경

경통 앞쪽의 볼록렌즈를 통과한 빛이 모아진다.
같은 구경이라면 반사식에 비해 좀더 선명하게 보인다.

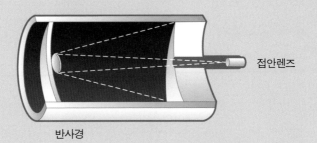

접안렌즈

반사경

반사굴절식 망원경

반사경과 굴절렌즈를 결합한 방식이다.

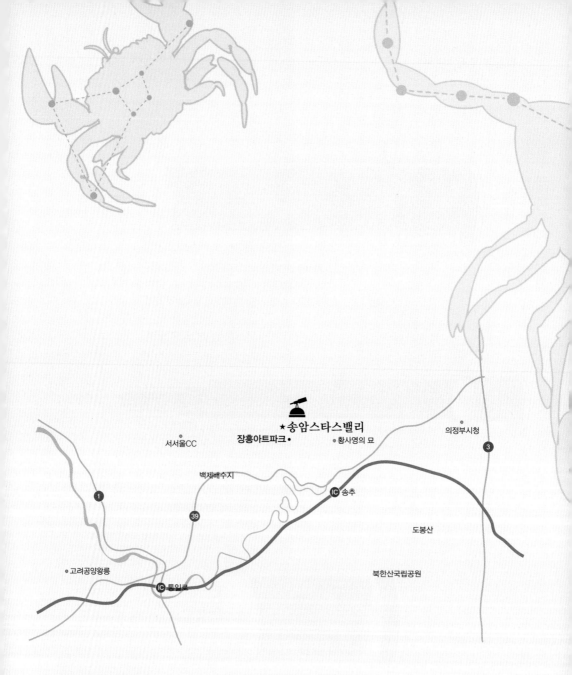

미술관 옆 천문대

사랑하는 연인에게 하늘의 달을 따주는 법 | '장흥아트파크'에서 추억을 일깨우다 |
국내 최고급 천문대에서의 여유로운 시간 | 케이블카를 타고 올라가는 천문대 | 낮에만 볼 수 있는 별 |
수도권 사람들의 행운: 경치도 보고 별도 보고
별 여행 가이드 3: 하늘의 방향은 '북극성'을 기준으로 찾는다

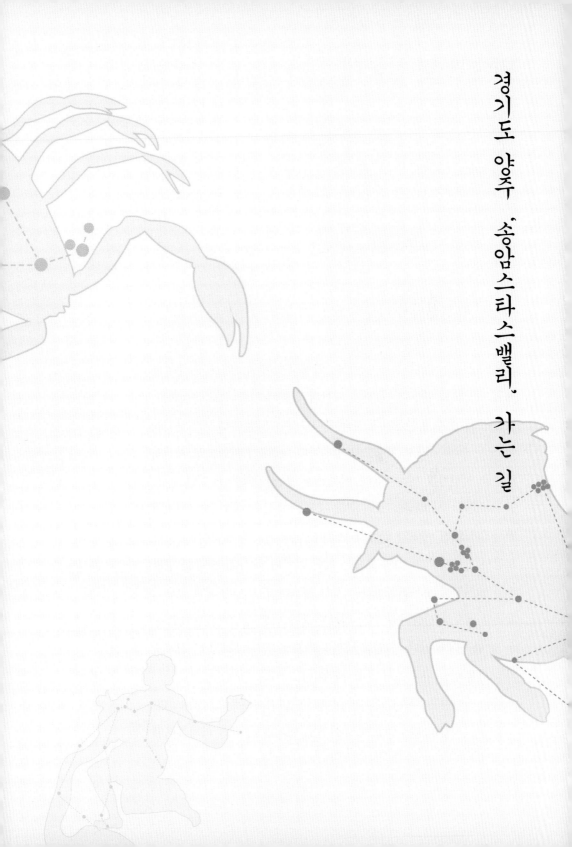

경기도 양주 '송암스타스밸리' 가는 길

미술관 옆 천문대

○
│
○
│
○

사랑하는 연인에게 하늘의 달을 따주는 법

오후의 햇살이 암탉의 꽁지만큼씩 짧아지는 계절, 나는 옛 추억을 헤집으러 혼자 나선다. 문득 사패산의 단풍이 차 안으로 동석하고, 길을 조금 돌자 북한산의 뒷자락에 기다리던 노랗고 빨간 잎사귀들이 모두 함께 가자고 차창으로 달려든다. 아내가 처음으로 자신의 얼굴을 망원경의 반사거울에 비추었을 때를 기억한다. 7년 전쯤, 안성천문대에서 태양을 보기 위해 관측실에 섰을 때 나는 망원경의 반사경에 비친 아내의 얼굴을 보았다. 가운데가 부경에 가린 도넛 모양의 거울에 비친 그의 모습은 깊은 기억이 되었다. 모두들 망원경의 반사경이 오목거울이라는 것을 생각하고 거기에 비친 모습이 왜곡될 것으로 상상하겠지만, 실제는 품질 나쁜 평면거울보다도 상은 덜 왜곡되어 있다. 그만큼 망원경의 오목 면은 우리 눈이 감지하기 어려울 만큼 아주 조금 오목할 뿐이다.

나는 안성천문대에서 달과 별을 따서 연인에게 주는 법을 배웠다. 사랑하는 사람에게는 하늘의 달이라도 별이라도 따다 바치겠다며

달의 가려진 부분이 육안에는 안 보이지만 실제로는 존재하듯이, 망원경을 통해 들어온 달빛은 손에 쥐어질 리 없지만 달을 선물 받은 연인의 마음속에는 오래 남아 있게 되는 것이다. (사진: 박승철)

사람들은 곧잘 자신의 진심을 불가능한 일에 걸곤 한다. 하지만 실제로 망원경을 이용해 연인에게 별과 달을 따줄 수 있다는 것을 알면 모두 놀랄 것이다. 달을 향해 망원경을 조준하고 아이피스 앞에 손을 펼쳐 달이 손바닥 가운데로 들어오기를 기다린다. 달은 이내 저 먼 우주 공간의 제 궤도에서 출발하여 지구의 대기권을 뚫고 들어와 망원경의 반사거울에 부딪쳤다가 다시 부경에서 반사되어 아이피스로 달려 나와 손바닥에 제 모습을 드러낸다. 바로 그 틈을 놓치지 않고 얼른 손을 쥐면 달은 빠져나가지 못하고 주먹 안에 머물게 된다. 그 손에 쥔 달을 연인의 가슴에 부드럽게 밀어 넣는다. 달은 솜털이 부드러운 연인의 스웨터를 뚫고 가슴 깊이 박힌다. 그리고 달이 뜰 때마다 연인의 가슴에서는 달이 울려 가슴이 아련히 울렁이게 된다.

나는 오늘 천문대에 가서 오래전 연인에게 따주었던 여러 개의 은하와 성운과 성단들과 별들을 만나 볼 계획이다. 가서 그날의 보석들이 모두 안녕한지 물어보리라. 때마침 새로 선 천문대는 내가 사는 가까운 곳에 있고, 별을 보러 산정에 케이블카를 타고 올라가는 색다른 경험도 있으며, 무엇보다 좋은 망원경을 갖추었다고 하니 천체들이 들려주는 소식을 보다 잘 들을 수 있을 것이다.

'장흥아트파크'에서 추억을 일깨우다

송암스타스밸리가 있는 경기도 양주시 장흥면은 1980년대에 대학을 다닌 사람들에게는 꽤 익숙한 곳이다. 주소지를 행정구역으로 열

장흥아트파크. 파랑·빨강·노랑의 전시장 앞 넓은 공원에는 미술 작품들이 곳곳에 놓여 있다.

거하니 생소할 뿐, 한동안 연인들의 데이트 장소로 이름이 높던 장흥유원지에서 가깝다. 한때 술과 음식으로 흥청거리던 네온 불빛들과 아무런 부끄럼도 타지 않던 러브호텔들이 즐비하던 이곳도 이제 많이 변해 있다. 전보다 너무 조용해져 있는 것이 상인들의 벌이가 걱정될 정도로 옛 영화는 퇴락한 것 같은 느낌이 든다.

장흥에는 천문대 말고도 추억을 만들고 일깨울 수 있는 장소가 하나 더 있다. 지금은 '장흥아트파크'로 이름을 바꾸었지만, 예전에 이곳은 미술관이자 조각공원이었던 것을 기억한다. 조각품들을 볼 때마다 제목의 의미와 추상화된 모양새를 일치시키기가 쉽지 않았다. 하지만 의미보다는 직관되는 아름다움이 먼저였으니 그 시절 돌과 철과 구리로 된 작품들은 연인들 사진의 배경이 되어주는 일이 잦았다. 지금 장흥아트파크는 미술관은 물론 화가들의 창작 공간, 탐방객의 체험 공간, 야외공연장 그리고 조각공원이 함께 있는데 때마침 미술관에는 '현대미술 특별전'이 열리고 있었다.

앙리 마티스, 앤디 워홀, 안젤름 키퍼, 로이 리히텐슈타인, 백남준, 이응노 등등 이름만 들으면 고개가 끄덕여질 쟁쟁한 현대 예술가들이다. 유명 예술가의 이름들은 흔히 신문과 잡지에서 익숙할 뿐이지만 오늘은 운이 좋은 것인지 개인적으로 작품전을 본 적이 있는 화가들이 많다. 마릴린 먼로의 얼굴을 조금씩 색깔을 달리하여 그린 워홀의 그림을 본 것이 아마 1990년대 초반이었던 것 같다. 또한 백남준의 작품전도 두어 번쯤 보았고, 과천 현대미술관 중앙 홀에 텔레비전들이 탑을 이루어 기둥으로 우뚝 솟아 있던 「다다익선」(多多益善)을 기억한다. 그리고 이응노라는 이름에서 군중들의 움직임을 올챙이같이 흔들리는 묵선으로 표현한 그의 독특한 작품을 여러 점 보았던 특별전도 기억난다. 거기에 한 계단을 오를 때마다 그만큼씩

드러나던 수덕사 대웅전의 고졸한 자태를 깨달았던 그 무덥던 어느
여름, 수덕여관을 가리키며 독재자의 야만에 핍박받던 예술가를 기
억해낸 것도 고암 이응노를 통해서였을 것이다.

　미술관의 다른 한편에서는 박생광의 특별전이 열리고 있다. 다른
사람들에게는 다소 생소할지 모르지만, 내게는 익숙한 이 화가의 이
름을 대하니 반갑다. 『동양화 읽는 법』을 썼던 조용진 교수가 가장
한국적인 아름다움을 구현한다며 칭찬했던 사람이 그다. 그의 그림
은 한국적인 소재를 황색·청색·백색·적색·흑색, 이른바 전통적
인 오방색을 써서 그린 것으로 유명하다. 내게는 무당이 입은 옷이

장흥아트파크 조각공원 한편
에 놓여 있는 트로이 목마. 어
린이들을 위한 놀이터이다.

나 부채에서 정말로 신기가 느껴질
정도로 붉은색과 청색이 강렬하게 대
비되었던 것이 깊은 인상으로 남아
있다.

　야외 조각공원에는 부르델, 문신,
한진섭, 임옥상 등의 작품이 상설 전
시되어 있다. 최근 임옥상이 청계천
에 세워진 전태일의 입상을 제작하기
전부터 나는 그를 기억하고 있다. 그
의 작품을 보면 뙤약볕 들녘에서 자연
을 호흡하며 살아가는 우리네 농부의
주름살과 힘줄이 드러내는 생명력이
느껴진다. 이곳 조각공원에 전시된
그의 「대지-어머니」가 꼭 그렇다. 하
지만 임옥상의 작품은 아이들이나 연
인들의 기념사진에 배경이 되기에는

둥글둥글 예쁘지 않아 좀 홀대받는 모양이다. 뒤쪽의 나무 그늘 아래에서 석양에는 조금 추워도 보이는, 꼭 내 고향마을 어머니의 모습으로 서 있다.

공원에는 어린이들이 타고 노는 흔들거리는 그물구조의 작품도 있고, 연인들이 추억의 사진을 찍을 수 있게 아예 조각품에 의자를 만들어놓은 것도 있다. 구석구석 하나하나 볼 것이 참 많다. 어린이들을 위한 트로이 목마에는 나무로 만든 잠자리가 날고 뱀이 혀를 날름거리고 있다. 길 잃은 고양이나 강아지가 너무도 쉽게 경계를 푸는 내 아내 같은 인상의 젊은 엄마가 아이에게 책 파도를 태워준다. 아이가 올라가자 나무로 된 책이 너울처럼 흔들거린다.

뚱뚱한 기둥에 짤뚝한 가지들이 바오밥나무를 연상케 하는 조각품 옆에 방패연 같은 천막을 쇠줄로 잡아당겨 만들어놓은 야외공연장의 지붕이 있다. 움푹 파인 곳에 높이를 달리하여 만들어진 객석은 실내처럼 아늑하고 무대 앞에는 분수가 있고 잔디가 있다. 빈 공연장은 보는 것만으로도 고즈넉하다. 주변의 불이 꺼지고 무대 조명이 켜질 때, 통기타 가수의 맑은 노랫소리가 들리는 것 같다. 그 시절의 노래를 속으로 흥얼거려보니 예감이 적중한다. 역시 나는 이곳에 추억을 묻은 적이 있는 것이다.

국내 최고급 천문대에서의 여유로운 시간

해가 서쪽 산으로 머리를 내리고 있으니, 다시 차를 굴려 천문대로 향한다. 이곳에서 천문대까지는 거의 한 길이다. 사찰의 일주문처럼 천문대의 입구는 본 건물보다 한참이나 아래에 있는데, 이곳에

들어서면서부터 송암스타스밸리는 '여기는 다른 천문대와는 달라요'라고 말하는 듯하다. 먼저 공간적으로 매우 넓다. 그리고 다시 만나는 방문자 안내소, 그곳을 지나 언덕에 보이는 곳에 천문대가 있다. 사실 이곳은 천문대가 아니다. 스페이스 센터라고 불리는 곳인데, 방문자 센터와 플라네타륨, 그리고 챌린저 러닝 센터 등 다른 시설들이 있다. 진짜 천문대는 저 산꼭대기까지 케이블카를 타고 가야 한다.

왼편에는 널따란 운동장이 있고, 잔디 언덕이 있으며, 단풍을 떨구는 나무들이 줄지어 서 있다. 스페이스 센터의 오른편에 우뚝 높은 건물이 케이블카 스테이션이다. 그곳에서 두 대의 케이블카가 올라가고 내려오기를 반복한다. 또한 스페이스 센터의 옆으로는 긴 건물이 이어져 있는데, 이곳은 방문자들을 위한 숙박 시설이다. 천문 관측뿐만 아니라 휴식을 위한 테마공원으로 만들어놓은 것이다. 그

천문 관측소로 연결된 케이블카에서 내려다본 송암스타스밸리 스페이스 센터 전경. 옥빛 플라네타륨 돔이 참 예쁘다.

래서 이곳은 '송암스타스밸리'라고 부른다. 천문 관측과 체험만을
위해 만들어진 다른 천문대와는 개념이 조금 다른 것이다.

스페이스 센터 안으로 들어가면 더욱 다른 분위기가 감지된다. 우
선 규모에서 비교가 되지 않을 뿐 아니라 건물이나 시설들이 매우
신경 써서 만들었다는 것을 알 수 있다. 널찍함은 물론이거니와 바
닥과 복도가 얼마나 깨끗하고 멋지게 꾸며졌는지 마치 호텔에 와 있
는 느낌이다. 최근 『행복이 가득한 집』이라는 인테리어 전문지에서
이곳을 다룬 것은 바로 이런 실내 디자인 때문일 것이다. 굴곡을 주
어서 설계된 1층 복도는 강물을 따라 흘러가는 것 같고, 그 강물이
머무는 굽이마다 영상강의실, 플라네타륨, 챌린저 러닝 센터가 자
리하고 있다.

2층으로 올라가는 계단에서는 「휘어진 공간 · 은하수 · 빛」이라고
이름 붙은 설치작품이 눈에 띈다. 여러 번 봐도 천문학적인 주제가
참 잘 구현되었다는 생각이 든다. 하얀 벽에서 은빛 잎사귀들이 돌
출해 있고, 이것이 위쪽에서 비추는 조명을 받아 은은하게 반사하면
서 새로운 빛을 만들어낸다. 제목 그대로 은하수이거나 우주의 빛인
듯하다. 계단을 올라 2층으로 가면 사무실과 카페테리아가 있다.
나는 송암스타스밸리가 가진 독특함을 꼽으라고 하면 제일 먼저 이
곳 카페테리아를 들고 싶다. 별을 보러 온 사람들에게 참으로 필요
했지만, 지금까지는 없어서 아쉬웠던 것을 이곳 송암스타스밸리에
서 맨 처음으로 만들었다.

천문대 탐방을 하다 보면 개인적으로 여유로운 시간을 갖기가 매
우 어렵다. 망원경을 보다가 차를 한잔 마시면서 담소를 나눈다든
지, 오늘 보았던 별자리와 천체들에 대한 이야기, 우주의 무한함과
인간 존재의 왜소함에 대한 이야기들을 좀 천천히 음미할 수 있다면

얼마나 좋을까. 천문대를 찾는 사람들이 여유가 없어서이기도 하지만, 하지만 사실상 천문대의 프로그램과 시설들이 그렇게 만드는 측면도 있다. 대부분의 천문대 탐방 과정은 이렇다. 천문대 도착 → 별자리와 천문학 기초에 대한 교육 수강 → 천문 관측 → 귀가. 물론 천문대 탐방의 꽃은 망원경을 통해 천체를 관측하는 것이지만, 대부분 시간에 쫓기듯 앞사람의 꽁무니를 따라가며 오퍼레이터들이 잡아주는 천체들을 하나라도 더 많이 보는 일에 신경을 쓸 뿐이다. 그리고는 서둘러 천문대를 떠나가며 '나는 오늘 몇 가지 천체를 봤다'는 것만 자부할 뿐, 천체들을 통해 우주적 시간을 경험한 의미를 가만히 음미하지는 못한다.

많은 경우에 외국 여행이 꼭 이렇다. 유럽 여행을 할 때 배낭여행을 하는 한국 대학생들을 만난 적이 여러 번 있다. 그들 중에는 여행을 통해 내가 누구이며 어떻게 달라져야 하는지 자신에 대한 사색과

스페이스 센터 2층에 마련된 카페테리아 내부.

성장을 목표로 하는 생각을 깊이 하는 사람들이 있다. 하지만 이와는 달리 한정된 예산으로 둘러본 나라의 숫자를 늘리는 일에 목표를 두는 사람들도 많았다. 이 경우 여행은 자신을 위한 여행이기보다는 남에게 보여주기 위한 여행이 된다. 돈과 시간과 기운을 써가면서 얻는 것이 고작 남에게 늘어놓을 수 있는 가본 나라와 관광지의 개수뿐이라면 너무 허망하지 않은가.

　나는 천문대를 탐방하는 사람들도 그런 식의 목표를 갖지 않았으면 좋겠다. 남보다 먼저 천문대에 가보았고, 몇 개의 천체를 더 본 것은 중요하지 않다. 천문대 체험이 나에게 주는 의미, 그것을 통해 내가 달라지는 일이 보다 가치 있는 것이 아니겠는가. 망원경을 통해 별을 보기 전의 나와 별을 본 후의 내가 달라지고, 날씨가 흐려 별을 보지 못했더라도 천문대에 와본 후의 세계관과 와보기 전의 세계에 대한 안목이 달라질 수 있다면 그것이 천문대 체험이 가질 수

마치 입체영화를 보여주는 영화관 같은 최고급 시설을 갖춘 플라네타륨. (사진: 송암스타스밸리)

있는 최고의 의미가 아니겠는가.

그래서 나는 천문대에 체험을 음미할 수 있는 카페테리아 같은 시설이 있었으면 하고 생각해왔다. 망원경이 놓여 있는 카페에서 차를 마시거나 와인 잔을 가볍게 부딪치면서 함께 한 사람들과 하늘과 별과 나를 이야기하는 시간은 얼마나 정겹고 유익할까. 샌드위치나 스파게티로 늦은 저녁식사를 할 수도 있겠지만, 어쨌거나 이야기의 주제는 별과 우주일 수밖에 없을 것이다. 더구나 대부분 천문대가 있는 곳은 산이고 창밖으로 보이는 풍경은 온통 나무요 숲이다. 그러니 천문대는 고즈넉한 산사의 찻집이 될 수도 있다.

송암스타스밸리의 시설 대부분은 국내 천문대 중에서 최고급이다. 플라네타륨도 마찬가지. 팸플릿에서는 돔 시어터라고 소개하고 있는데, 딱 맞는 말인 것 같다. 거의 영화관을 방불케 하는 계단식 좌석 배치에 스크린이 비스듬한 곡면이다. 또한 디지털 디스플레이

챌린저 러닝 센터에서 단체 예약 방문객들이 팀을 이뤄서 우주여행 시뮬레이션을 체험할 수 있다. (사진: 송암스타스밸리)

방식이라 스크린에서는 거의 입체영화 수준의 현란한 우주가 펼쳐지고, 우주선이 날아가며, 상상 속에만 있던 성운을 뚫고서 우주여행을 하는 기분을 만끽할 수 있다. 여기서 구현되는 현란한 화면들을 보고 다른 천문대에서 아날로그 방식의 플라네타륨을 본다면 너무 밋밋하게 느껴지지 않을까 걱정이다.

플라네타륨 맞은편의 챌린저 러닝 센터(Challenger Learning Center)는 사실 송암스타스밸리가 보유한 비장의 무기다. 이곳은 한마디로 우주여행 시뮬레이션 센터라고 할 수 있다. 챌린저 러닝 센터는 원래 1986년 발사 직후 공중 폭발된 미국의 챌린저호 승무원들을 기리기 위해 탑승자 가족들이 재단을 설립하여 만든 우주과학 학습센터다. 우주에서 발생할 수 있는 여러 가지 상황에서 임무를 수행함으로써 우주선에 승선한 사람의 리더십을 기르고 상황 대처능력을 길러주려는 것이다. 이곳에서는 미국항공우주국(NASA)의 존슨우주센터와 지구 궤도를 돌고 있는 우주정거장을 모델로 하여 양자 사이에서 명령과 임무 수행이 이루어지는 모습을 구현했다. 또 명령에 따라 우주선을 타고 소행성에 착륙하여 그곳의 지질을 탐사한다든지, 우주선에 문제가 발생했을 경우 승무원들이 협력하여 문제를 해결해나가면서 각종의 우주 체험을 한다. 단체로 팀을 이루어 준비된 단계의 프로그램을 이수하는 것이므로 혼자서 할 수 있는 것은 아니다.

케이블카를 타고 올라가는 천문대

스페이스 센터를 나와서는 케이블카 스테이션으로 간다. 거기서 케이블카를 타고 산정의 천문대로 가는 것도 또 다른 우주여행이라고 할 수 있다. 산 아래에 있다가 산꼭대기의 천문대로 가니 우주의 별빛에 좀 더 가까이 가는 셈이다. 특히 밤에 케이블카를 타면 캄캄한 우주 공간을 지나서 어느 낯선 행성에 도착하는 기분을 느껴볼 수 있다. 산정의 천문대까지는 약 600m로 케이블카를 타는 시간만 약 6분 30초가 걸린다. 나는 약간의 고소공포증이 있어 케이블카를 타면 다리가 후들거려 되도록 아래쪽을 보지 않으려고 한다. 하지만 이런 내게도 천문대에 오르기 위해 케이블카를 탄다는 것은 너무나 생경하고 즐거운 경험이다. 탑승한 사람들은 하나같이 창밖을 가리키며 인근 마을과 도로의 불빛에 감탄하고 산정에 우뚝 선 채 색색의 불을 켠 천문대의 모습에 탄성을 지른다.

천체관측소로 연결된 두 대의 케이블카가 케이블카 스테이션에서 20분 간격으로 오르내리고 있다.

과연 누가 케이블카를 타고 천문대에 오르려는 발상을 했을까. 이곳 천문대를 만든 사람은 한일철강의 엄춘보 회장이라고 한다. 그는 삼일운동이 일어난 해인 1919년 평안북도 용천 출신으로 한국전쟁 중에 월남한 실향민이다. 중견 기업의 경영인으로 성공한 그는 팔순을 넘긴 어느 날 문득 '돈이란 덧없는 것'임을 느꼈다고 한다. 그리하여 돈보다 가치 있는 것이 무엇일까 생각한 끝에 자라나는 세대들이 천문학과 우주공학에 대해 꿈을 키울 수 있는 곳을 만들고자 했다고 한다.

인생의 황혼기에 돈보다는 영원한 가치를 생각했던 것은 어쩌면 그가 본래 왔던 곳으로 돌아가려는 귀소본능은 아니었을까. 생존과 투쟁이라는 이 세계의 인습에 곧잘 적응하여 기업을 이루고 부를 이루었지만, 그도 궁극에는 인간이라는 존재 그리고 그 존재의 유한성에 대한 고민을 벗어날 수는 없었을 것이다. 그래서 유한한 존재가 무한으로 초극하고자 하는 시도가 다음 세대에 대한 기대와 배려가 되고, 우주의 무한성에 대한 탐구가 되었던 것이리라.

케이블카가 도착하는 곳은 천문대의 1층이다. 케이블카 스테이션은 바로 천문대로 연결되어 있는데, 사실 마루만 연결되어 있을 뿐이지 두 건물은 기초부터 완전히 따로 독립되어 있다. 망원경이 서 있는 곳은 어떤 진동에도 영향 받지 않아야 하기 때문에 통상 망원경을 설치하는 기둥은 자체의 건물과도 분리되어 있다. 또한 케이블카로 인해 건물에 진동이 생기기 쉬우므로 천문대 건물과 케이블카 스테이션을 완전히 분리시켰다. 다만 탐방객들의 편의를 위해 복도를 연결해놓고 있다. 하지만 고소공포증이 있는 나는 케이블카에서 내리자 아직도 복도 바닥이 흔들리는 것 같다. 다른 사람들은 천문대에 올라와서 내려다보는 경치에 또다시 탄성을 지르고 있지만, 나

같은 사람은 이런 때 창밖을 보지 않고 얼른 1층으로 들어가는 게 상책이다.

천문대의 건물은 3층으로 되어 있다. 케이블카가 스테이션에서 이어지는 1층에는 영상강의실이 마련되어 있고 여기에서 각종의 천문 상식과 관측 대상에 대한 예비교육을 받을 수 있다. 또한 계속해서 상영되는 대형 스크린에서 우주의 다양하고 멋진 모습을 감상하고 정보를 얻을 수도 있다. 1층 강의실에서의 관측 예비교육이 끝나면 3층에 마련된 주관측실과 보조관측실로 이동하여 천문 관측에 들어간다. 3층에 올라가면 우선 남쪽을 향하는 테라스에 쌍안경이 5대 설치되어 있는 것을 볼 수 있다. 천체를 볼 수도 있지만, 가까운 서울의 야경이나 북한산의 나무들이 하늘과 경계를 이루는 모습을

송암스타스밸리의 주망원경. 우리 기술로 제작된 연구용 국산 망원경 1호이다.

보아도 멋지다.

　관측실은 일반적인 천문대가 그렇듯이 주망원경을 설치한 주관측실과 여러 대의 작은 망원경을 설치한 보조관측실이 있다. 주관측실의 망원경은 전문가가 아니면 그저 좀 큰 망원경이구나 하는 정도로 생각될 평범한 망원경으로 보인다. 그러나 이 망원경은 우리나라 천문학의 역사에서 매우 중요한 위치를 차지하는 망원경이다. 이것은 현재 한국에 있는 전문가급 망원경 중에서 최초로 한국인의 기술로 한국에서 제작된 순수 국산 망원경 1호다. 주경은 지름이 60cm이고 빛을 모으는 주거울의 독특한 설계로 인해 리치-크레티앙(Ritchey-Chretien) 방식이라고 불린다. 반사망원경의 성능을 결정하는 것이 주거울인데, 이 방식의 망원경은 쌍곡면으로 설계되어 있다. 오목한 면의 굴곡이 쌍곡선을 따르는 것이다. 성단의 구조까지도 파악할 수 있을 정도로 연구용으로도 손색이 없는 망원경이다. 거기에 모양도 흰색과 은색이 섞인 경통에 포크형의 청색 가대가 잘 어울려 깨끗하고 단단한 인상을 풍긴다.

낮에만 볼 수 있는 별

사람들은 별은 밤에 보는 것이므로 천문대에 낮에 가면 할일이 없을 것으로 생각한다. 그러나 송암스타스밸리에서는 낮에도 별을 볼 수 있다. 나는 이곳의 주망원경으로 목동자리의 아르크투루스(Arcturus)라는 별을 보았다. 사람 눈의 1만 배가 넘는 엄청난 집광력 때문에 가능한 것이다. 천문대에 가면 오퍼레이터들은 곧잘 "낮에도 별을 볼 수 있을까요?" 하고 묻는다. 많은 사람들이 그것을 우스개 퀴즈쯤으로 생각하고 대답하지 않는데, 사실 정의상으로는 낮에도 늘 별을 볼 수 있다. 태양이 항성, 즉 별이기 때문이다. 하지만 조금 큰 망원경으로는 낮에 태양이 아닌 다른 별들도 볼 수 있다.

주망원경은 컴퓨터와 연동되어 전자동으로 운용된다. 컴퓨터에서 목표로 하는 천체를 정하고 좌표를 입력하면 망원경은 자동으로 목표 천체를 향해 돌아간다. 현재 하늘에서 볼 수 있는 대상 천체는 어떤 것이 있는지, 가장 잘 보이는 천체는 무엇인지, 어느 지역만 한정했을 때 가장 잘 보이는 천체는 무엇인지 등등 원하는 조건에 따라 검색이 가능하므로 탐방객들의 요구에도 즉각적으로 응할 수가 있다.

보조관측실에는 일본의 타카하시 사(社)나 미국의 미드 사(社)에서 제작한 반사식 · 굴절식 망원경이 10여 대 설치되어 있다. 하나같이 아주 좋은 망원경들이다. 이것을 보면 이곳 천문대를 설립하기

슬라이딩 돔이 열린 보조관측실. 낮에 방문하면 이곳에서 태양을 관측할 수 있다.

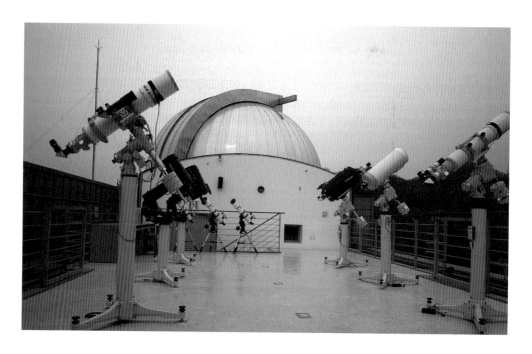

전에 많은 준비를 했다는 것을 알 수 있다. 주망원경 제작을 천문연구원에 의뢰한 것도 그렇지만, 보조망원경들도 하나같이 아마추어 천문가들이라면 가지고 싶어 할 좋은 망원경들을 갖추어놓았기 때문이다.

에이치 알파 필터를 부착하여 태양을 관측해보니 참으로 상(像)이 선명하다. 태양을 망원경으로 본 것이 언제였는지 기억도 가물가물한데, 오늘 여기에서 붉은색 홍염과 플레어의 모습을 다시 본다. 동행했던 어떤 예술가의 말마따나 정말로 태양의 모습이 '예술'이다. 망원경으로 태양을 관측할 때는 항상 주의해야 한다. 오퍼레이터는 망원경의 집광력이 얼마나 좋은지를 보여주기 위해 한 가지 실험을 한다. 망원경에 필터를 씌우지 않은 채 검은색 종이를 아이피스 쪽으로 가져가서 초점을 맞추니 순식간에 종이에서 연기가 난다. 그 자리에 사람 눈이 있었다면 곧바로 실명하는 것이다.

플라네타륨과 챌린저 러닝 센터는 스페이스 센터 1층 복도에 좌우로 설치되어 있다.

오퍼레이터가 천체 망원경으로 중년 부부에게 주변 도로를 지나는 차들의 모습을 잡아주었다. 그것을 보던 그들은 즉각 왜 차가 거꾸로 보이느냐고 물었다. 천체 망원경과 일반용 망원경의 차이가 거기 있다. 일반용 망원경은 상이 뒤집혀 있으면 불편하기 때문에 렌즈나 거울을 추가하여 상을 똑바로 세우는 광학적 장치들을 해놓았다. 하지만 이런 보조렌즈는 빛에 손실을 주어 선명한 상을 만드는 데 장애가 되기 때문에 천체 망원경에서는 쓰지 않는다. 그리고 천체들은 대체로 대칭형이거나 뒤집혀 있더라도 큰 문제가 되지 않아서 천체 망원경으로 보아도 이상하게 느껴지지 않는다.

망원경을 보면서 신기해하는 사람들을 보니 우리 역사 속의 망원경에 관한 에피소드가 생각난다. 우리 역사에서 망원경이 최초로 등장한 것은 조선의 인조대왕 시절인 1631년이다. 갈릴레오가 망원경으로 천체를 본 지 21년 후에 조선 사람이 망원경을 입수한 것이다. 가톨릭 선교 단체인 예수회에서 파견한 신부가 중국에서 조선의 사신에게 선물로 준 것이다. 사실 조선시대에 망원경은 그리 요긴하게 쓰이지 않았다. 한번은 천문관원들이 태양 관측용 망원경을 중국에서 사다가 바치자 영조는 그것을 쓰지 못하게 부수어버렸다. 태양은 임금의 상징인데, 어찌 감히 임금을 똑바로 쳐다보려고 하냐는 것이었다. 조선시대 사람들의 망원경에 대한 생각은 요즘의 우리와는 많이 달랐던 것이다.

1765년 겨울, 북경을 방문했던 홍대용(1731~1783)은 천주당(가톨릭 성당)을 찾아가 서양 선교사의 도움으로 망원경을 구경할 기회를 얻었다. 그는 낮에 태양을 관측했는데, 흐린 날씨에 해를 보는 것처럼 눈을 깜박거릴 필요가 없고, 아주 작은 것도 자세히 볼 수 있어 참으로 기이한 기구라고 감동했다. 망원경으로 태양을 보기 위해

당연히 빛을 줄여주는 필터를 씌웠을 것인데 홍대용은 그것을 알지 못했다. 그는 망원경을 처음 보았던지 가로로 그어진 망원경의 가늠선을 보고 태양에 줄이 난 줄 착각하고 깜짝 놀라 물었다. 옆에 있던 서양 신부는 웃지 않을 수 없었다. 앞서 도로를 달리는 자동차가 뒤집혀 있다고 놀란 중년 부부도 홍대용처럼 아마 천체 망원경을 처음 본 모양이다.

수도권 사람들의 행운: 경치도 보고 별도 보고

케이블카에서 바라본 천문관 측소. 맑은 날이면 저곳에는 언제나 별이 뜬다.

송암스타스밸리에서는 남쪽으로 북한산과 여의도, 63빌딩과 한강

이 보인다. 서울이 보인다면 광해(光害, 또는 광공해)가 많을까 걱정이지만, 북한산과 도봉산이 병풍처럼 둘러쳐 있어 서울 도심의 직접적인 불빛을 상당히 막아준다. 서울 근교에서 이만한 하늘 상태를 확보하기는 쉽지 않은데, 천문대는 주변의 지형적인 요건이 좋아서 상당한 이점을 가지게 되었다. 지방의 시민 천문대에서도 갖기 힘든 하늘 상태를 얻었으니 수도권 지역 사람들에게는 행운이다. 다만 앞쪽으로 서울 외곽순환고속도로가 뚫려 새로 광해 요소가 더해진 것은 아쉽다.

이곳 천문대는 관측을 위한 시설로도 최고 수준이지만, 주변 경치도 최고라고 할 수 있다. 보조관측실의 북쪽으로는 곧바로 산정의 바위들이 정원이 되어 있고 남북으로 완전히 트여 있다. 아직 개업을 하지는 않고 있지만, 천문대 2층의 카페에서도 동남서쪽으로 시원하게 열린 시야를 즐길 수 있다. 또한 천문대 1층의 아래쪽에도 테라스를 만들어 북한산과 서울을 조망하는 맛이 좋은데, 아직은 일반인에게는 개방하지 않고 있다.

천문대에서 다시 케이블카를 타고 산 아래로 내려오다가 아래에서 올라오는 또 한 대의 케이블카를 볼 수 있다. 그리고 중간쯤에서 둘은 엇갈려 지나간다. 천상을 구경하였으니 다시 지상으로 내려오는 길이다. 그런데 내려와서도 놓치면 서운할 것이 케이블카 스테이션에 장식된 계절 별자리다. 4층까지 이어지는 통로의 벽면에 광섬유로 밤하늘을 구현해놓았다. 빛이 들어오면 아주 예쁘게 봄·여름·가을·겨울의 하늘이 층층이 이어진다. 처음 천문대로 올라가는 길에는 엘리베이터를 타고 4층의 케이블카 스테이션으로 가기 때문에 계단 통로에 이런 별자리가 있다는 사실을 모른다. 하지만 내려올 때는 계단을 통해 꼭 한번 봐야 한다. 한 층씩 내려오면서 함께 간 사람들의 생일 별자리를 찾아보는 것도 색다른 재미를 줄 것이다.

사실 나는 송암스타스밸리에 두 번이나 가보았다. 의정부에 사는 내게는 다른 어느 천문대보다 지리적으로 가까워서이기도 하지만

케이블카 스테이션의 계단 통로. 케이블카에서 내리면 엘리베이터를 타지 말고 걸어서 계단을 내려가는 게 좋다. 계단에는 각 층마다 사계절의 별자리들이 벽면을 채우고 있다.

갈 때마다 늘 새로운 모습이 좋아서이기도 하다. 풍경이 새롭고, 볼 수 있는 천체가 새롭고, 그것을 통해 얻게 되는 느낌이 새롭다. 한 번은 일곱 살짜리 아들의 손을 잡고 갔는데, 날씨가 흐려 달을 보지 못해서인지 녀석은 역시 케이블카를 타는 맛에만 반했다. 아빠가 기념품 가게에서 뭐 하나 사주기를 바라는 눈치지만 나는 가만히 모른 체하고 천문대 방문이 녀석의 마음속에 무엇을 남겼을까만 가늠해 보았다. 그런 녀석이 어느 날 저녁에 별자리와 태양계에 관한 책을 펼쳐들고 와서는 자신의 생일 별자리를 찾고 아빠에게 함께 책 보기를 조른다. 천문대는 아직 어린 녀석에게도 추억을 남긴 모양이다.

하늘의 방향은 '북극성'을 기준으로 찾는다

별자리 책을 보고 위치를 외워두어도 막상 밤하늘을 보고 있으면 어느 별이 어느 별인지 구별이 안 될 때가 많다. 밤하늘의 별이 계속 위치를 바꾸기 때문이다. 동쪽에서 새 별이 나타나는 것만큼 서쪽 지평선 아래로도 별들은 사라진다. 더군다나 북쪽 하늘 가까이에서는 별들이 밤사이 둥글게 원을 그리며 지난다. 그래서 밤하늘에서 여러 별들을 찾을 때는 기준점이 되는 길잡이별을 먼저 찾는 것이 중요하다.

우선 가장 중요한 길잡이별인 북극성을 찾아보자. 북극성을 찾을 때는 북두칠성과 카시오페이아자리를 먼저 찾는다. 사계절 내내 둘 중 하나는 반드시 북쪽 하늘에 떠 있다. 북두칠성은 일곱 개의 별이 국자 모양으로 늘어서 있는데, 끝 두 별을 이은 선을 다섯 배가량 늘이면 북극성과 만난다. 카시오페이아자리는 다섯 별이 더블유(W) 모양을 한다. W자의 양 끝 별과 북극성이 만드는 삼각형을 떠올려 찾을 수 있다. 북극성을 가운데 두고 카시오페이아자리와 북두칠성은 서로 반대쪽에 자리한다.

북극성을 처음 보고 생각보다 밝지 않아 실망할지도 모른다. 북극성은 잘 알려진 이름 덕에 밤하늘에서 가장 밝은 별로 아는 사람이 많지만 사실은 2등성이다. 이제 북극성을 바라보며 서서 양팔을 수평으로 들어 쭉 편다. 이때 북극성이 있는 쪽이 북쪽, 머리 뒤쪽이 남쪽, 오른팔이 가리키는 쪽이 동쪽이고 왼팔은 서쪽이다. 북극성을 찾아내고 방향을 알면 다른 별자리는 성도를 보며 쉽게 찾을 수 있다.

대표적인 계절 별자리를 기억하는 것이 좋다. 지구의 자전으로 밤하늘은 밤새 한 바퀴를 돌지만, 또 지구의 공전으로 밤하늘은 날마다 조금씩 돌아가서 계절별로 초저녁에 잘 보이는 별자리가 달라진다. 흔히 봄철 별자리, 여름철 별자리라고 부르는 것은 그 계절의 초저녁에 동남쪽 하늘에 잘 보이는 별자리를 말한다.

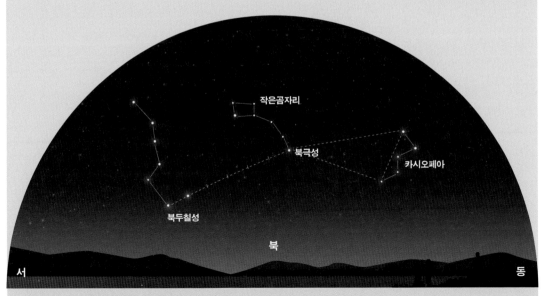

하늘의 기준, 북극성과 북두칠성 북두칠성의 끝에 있는 두 별을 이은 선을 따라 다섯 배 가면 북극성에 닿는다.

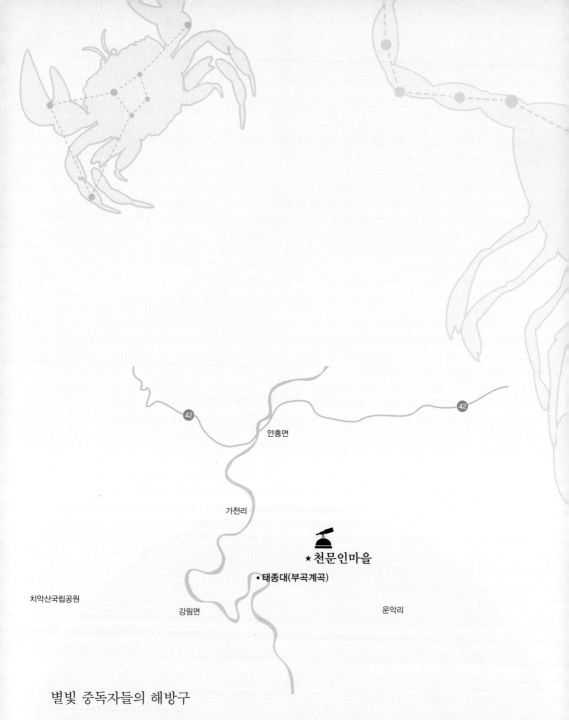

42

안흥면

42

가천리

★ 천문인마을

• 태종대(부곡계곡)

치악산국립공원

강림면

운악리

별빛 중독자들의 해방구

별빛 바이러스 증후군 | 어느 낭만주의자의 꿈이 이뤄진 곳 | 별빛보호지구에서 올려다보는 최고의 밤하늘 | 밤하늘을 보는 것은 다른 시공간으로 여행하는 것 | 밤하늘에 빠진 사람들은 천문인마을로 간다 | 사람들을 끌어들이는 '강원도의 힘'

별 여행 가이드 4: 별똥별 헤아리기

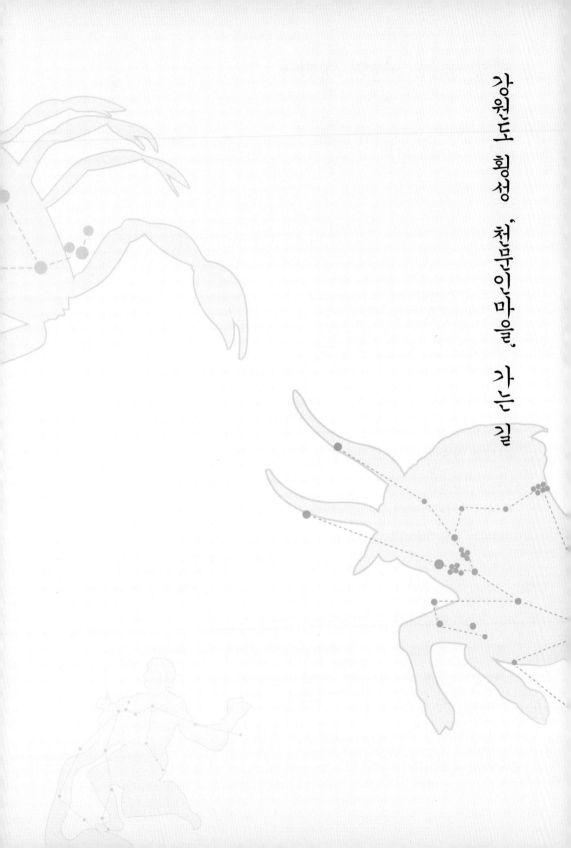

강원도 횡성 '천문인마을' 가는 길

별빛 중독자들의 해방구

○
│
○
│
○

별빛 바이러스 증후군

'별빛 바이러스 증후군'이라는 일종의 발작성 질환이 있다. 우주 공
간의 별들로부터 지구로 쏟아지는 별빛 바이러스가 원인이다. 발작
이 시작되면 밤마다 한적한 산과 들로 나가려는 충동을 억누를 길이
없다. 또 불빛이 화려한 도시에 있을 경우에는 삶의 의지마저 사라
지는 무력감에 시달린다. 일단 별빛 바이러스에 감염된 사람들은 달
의 삭망 주기와 완전히 일치된 발작과 정상 상태를 오간다. 달빛이
사라지는 그믐 무렵이 되면 체내의 별빛 바이러스 개체수가 일정 개
수 이하로 떨어지는데 이 때문에 발작이 나타난다. 그믐 무렵에 별
들이 가장 빛나므로 이 시기에 지구로 쏟아져 들어오는 별빛 바이러
스를 가능한 한 많이 받기 위한 신체의 반응인 것이다.

　일단 병에 걸리면 바이러스를 제거하는 것은 불가능하다. 바이러
스는 숙주의 몸에 기생해서 살아가므로 바이러스의 활동을 멈추려
면 숙주의 생명 활동을 정지시킬 수밖에 없는데, 그러면 병을 치료
하려다 사람이 죽어야 하니 안 될 일이다. 다행히 이 병은 생명에는

지장이 전혀 없을 뿐 아니라, 정기적으로 별빛을 쐬어주기만 하면 되므로 병을 안고 적응해 살아가는 편이 낫다. 또한 환자들이 밤하늘로부터 새로운 별빛 바이러스를 다량 체내에 축적했을 때 느끼는 희열감은 담배나 마약보다 중독성이 강하다. 강한 중독성에 이끌려 환자들은 자신도 모르게 별빛이 좋은 곳으로 나가 우주에서 온 별빛 바이러스를 흠씬 받아들인다.

　우리는 이 별빛 바이러스 증후군에 걸린 사람들을 '아마추어 천문가'라고 부른다. 아마추어라는 말은 천문 관측을 하는 일로 직업을 삼지 않는다는 뜻이다. 일반적인 질병의 환자들이 공기 좋은 곳에서 요양을 하듯이 이 별빛 바이러스 증후군을 앓고 있는 사람들이 자주 찾는 요양소가 있다. 이곳에 가면 도시에서 얻는 양의 수만 배가 넘는 양질의 별빛을 얻을 수 있기 때문이다. 강원도 횡성군 강림면 월현리에 있는 '천문인마을'이다. 해발 650m, 북위 37도 22분 11초,

강원도 횡성군 강림면 월현리 해발 650m의 구릉에 자리잡은 천문인마을.

동경 128도 10분 52초. 별빛 바이러스에 중독된 한국 아마추어 천문가들의 집단 요양소이자 밤마다 별빛을 쬐는 일로 희열을 삼는 이들의 해방구다.

어느 낭만주의자의 꿈이 이뤄진 곳

이곳이 천문인들의 해방구가 된 사연은 이러하다. 지금으로부터 30여 년 전 공상과학소설을 좋아하고 그림과 공작에 재능이 있던 한 아이가 있었다. 현재 천문인마을의 이장님인 조현배 화백이다. 그가 언제부터 밤하늘에 관심을 갖게 되었는지는 스스로도 기억이 희미할 정도다. 하지만 중학교 2학년 공작 시간에 만들어본 작은 망원경이 이후 그의 삶을 예시하는 징조가 되었다는 것만은 확실하다. 1972년 때마침 출현한 혜성을 계기로 아마추어 천문가 단체인 한국

1997년에 천문인마을의 문을 연 조현배 화백.

클로버가 가득한 천문인마을의 넓은 마당. 이곳에서 매년 스타파티가 열린다.

아마추어천문가회가 결성되었다. 고등학생인 그도 여기에 참가했다. 이름만 대면 고개를 끄덕일 사계의 내로라하는 천문인들이 대부분 이 단체를 거쳐서 성장했다. 1970년대부터 90년대까지 우리나라 아마추어 천문가들의 숫자는 꾸준히 늘어나고 있었지만, 별을 보는 취미는 여전히 기이하게 인식되던 시절이었다.

그는 대학에 들어가면서 미술을 택했다. 1층에서 그림을 그리고 옥상에서 별을 보는 낭만적인 꿈을 실현하기 위해서였다고 하지만, 아마도 천문학으로는 밥 먹고 살기 힘들다는 주변의 경고도 한몫했을 것이다. 그리고 청년기 어느 틈엔가 그는 별을 보지 않으면 삶의 의욕이 사라지는 별빛 바이러스 증후군에 걸렸고 병세는 중증이 되어 있었다. 1990년부터 그는 더 맑고 더 많은 별빛을 한꺼번에 받을 수 있는 최적의 관측지가 어디일지를 물색하고 다녔다. 괜찮다고 생각되는 곳에는 임시 관측소를 만들어놓고 장기간 관측을 하면서 입지 조건을 점검했다. 더불어 전국 각지를 돌아가는 관측 여행도 계속되었다.

그러던 어느 날이었다. 지금의 천문인마을 근처까지 비포장 산림도로를 따라왔던 그는 자동차를 돌릴 자리를 찾지 못해 어쩔 수 없이 자꾸자꾸 더 깊은 산길로 빠져 들어갔다. 그러다 산속에서 갑자기 시야가 트인 구릉지가 나타났다. 순간 이곳이 자신이 정착할 자리라는 것을 직감한 그는, 이후 길이 닳도록 서울과 이곳을 오갔다. 맑은 날은 얼마나 되는지, 관측지 상공의 공기 흐름과 시계의 상태(seeing) 등을 점검하기 위해서였다. 3년간의 관측지 조사를 통해 그가 내린 결론은 이곳이 우리나라에서 몇 손가락 안에 꼽히는 천문관측의 최적지라는 것이었다.

1997년 5월 '시작은 미약하나 끝은 창대할' 것을 믿고 이곳에 컨테이너 두 개를 설치했다. 컨테이너에서 생활하면서 집을 짓고 옥상의 돔에 망원경을 올렸다. 자신의 천문대를 완성한 조 화백은 이곳을 '천문인마을'이라고 이름 붙였다. 밤하늘에 씨를 뿌리고 물을 주고 별빛을 수확하는 밤하늘 농사로 업을 삼는 천문인들의 마을로 만들고 싶었기 때문이다. 서울에서 이곳에 귀농하여 별농사 짓기를 10년, 현재는 회원 12명이 주변의 땅을 확보하여 임시 관측소를 짓고 함께 밤하늘을 일구는 공동체가 되었다. 물론 회원들은 아직 조 화백처럼 이곳에 붙박이로 살지는 않지만, 이들 모두가 함께 살며 진짜 마을을 이룰 날을 고대하고 있다. 이미 회원들이 주변 임시 관측소들에 갖추어놓은 망원경이 30여 대를 넘어섰다고 한다. 또한 이곳에는 서울에서 컴퓨터로 조정하는 원격조정 로봇 망원경도 설치되어 있으니 별농사에 관한 한 가장 앞서가는 마을이다.

별빛 보호지구에서 올려다보는 최고의 밤하늘

천문인마을을 중심으로 활동하는 우리나라 아마추어 천문가들의 실력은 자타공인이다. 특히 최근 첨단기술이 관측과 사진 촬영에 도입되면서 우리나라 천문가들의 실력은 괄목상대해졌다고 한다. 아마추어 천문가들이 활동해온 역사가 다른 선진국에 비해 짧은 우리나라는 수년 전까지만 하더라도 일본이나 구미 천문가들의 수준을 부러워하며 따라가기에 바빴다. 그러나 최근 들어 우리나라 천문가들의 자부심은 외국 유명 천문잡지에 나온 천체 사진들을 보면서 '이 정도쯤이야'라고 말하는 데에까지 이르렀다. 한 예로 천문인마을의 카페테리아 벽에 전시되어 있는 천체 사진 공모전 대상에 빛나는 이건호 씨의 M81 사진은 황홀할 지경이다. 더욱이 사진의 주기 사항이 붙어 있지 않았던 장미성운이 그의 작품이라는 말을 듣고 나는 어안이 벙벙할 따름이었다. 허블우주망원경으로 얻어낸 합성 이미

2005년 천체사진공모전에서
대상을 받은 M81 나선은하.
(촬영: 이건호, 제공: 천문인마을)

지가 아닐까 의심이 들 정도로 화려하고 생생했기 때문이다.

전국 규모의 천체 사진 공모전에서 입상한 사진 작품들의 촬영지를 유심히 보면 유독 같은 이름이 여러 번 눈에 띄는데, 바로 천문인마을이다. 왜 우리나라 아마추어 천문가들은 유독 이곳으로 많이 몰리는 것일까. 이곳이 우리나라에서 가장 좋은 밤하늘을 가지고 있기 때문이다. 천문인마을이 있는 곳의 별칭은 '별빛보호지구'다. 1999년 5월 1일 횡성군은 관내 강림면 월현리 지역을 별빛 보호지구로 선포했다. 사람들이 만들어낸 인공적인 불빛은 별빛이 드러나는 것을 방해한다. 이것을 광해(光害, 또는 광공해)라고 한다. 태양이 밝은 낮에는 하늘에 별이 보이지 않듯이 주변이 밝으면 그렇지 않아도 희미한 별빛은 제대로 드러나지 않는다. 도시의 밤하늘에서 볼 수 있는 별이 몇 안 되는 것도 광해 때문이다. 천문인마을이 두메산골에 있는 이유는, 그러면서도 천문인들에게 인기가 있는 이유는, 오염되지 않은 맑은 별빛을 여기에서만 볼 수 있기 때문이다.

주망원경 돔이 있는 건물 옥상에 오르면 하늘과 땅이 탁 트인다.

하지만 천문인마을 주변 일대를 별빛보호지구로 선언한 것은 기실 선언적 의미에 그치고 있어서 아쉬움이 남는다. 자생식물 군락을 보호하기 위해서 입산을 금지시키는 일처럼 별빛을 보호하기 위한 실질적인 노력이 거의 이루어지지 않고 있기 때문이다. 가장 시급하고 아쉬운 것이 주변 지역의 가로등에 등갓을 설치하는 일이다. 가로등에서 공중으로 퍼지는 불빛은 길을 밝히기 위한 본연의 기능으로 보면 낭비일 뿐만 아니라 별빛을 관측하는 천문인들에게는 엄청난 광해를 일으킨다. 그래서 가로등에 등갓을 씌우는 일은 시민들 누구에게도 피해를 주지 않으면서 별빛을 보호하는 효과를 볼 수 있다. 국립 보현산천문대가 위치한 영천시에서 시내 가로등에 등갓을 씌워 광해를 막는 배려를 하고 있는 것도 이 때문이다. 횡성군에서도 천문인마을 주변 지역부터 시작하여 강림면 전 지역의 가로등에 등갓을 씌워 이름과 실제가 일치하는 별빛보호지구가 될 것을 기대해본다.

천문인마을은 인적이 드문 산골마을이라 찾아가는 길이 험하다. 얼마나 두메산골인지 휴대전화도 맥을 못 춘다. 횡성군 강림면의 강림삼거리에서 20여 분을 꼬불꼬불 좁은 길을 올라가다 보면 포장도로조차 경사에 힘겨워 비포장도로를 토해낸다. 다시 비포장도로를 한 10여 분 낑낑대고 산사면을 따라 올라가다 보면 맞은편 산사면에서 흘러내린 들판이 하얗게 예쁜 집을 한 채 품고 있다. 가만히 보면 집의 옥상에 반구형 돔을 볼 수 있고, 집 앞뜰에도 앙증맞은 하얀색 작은 돔이 또 하나 있다. 어미 오리를 따르는 새끼오리일까. 산골의 푸른 들녘에 자리 잡은 하얀 집과 돔이 참으로 그림 같다.

천문인마을에는 이장인 조현배 화백과 부인, 그리고 천문대 운영과 방문자 교육을 책임지고 있는 정병호 대장이 산다. 이곳은 좋은 밤하늘이 어떤 것인지 경험하기 위해 전국의 천문인들이 한번쯤 가 보아야 하는 성지가 된 지 오래다. 각지의 동호회가 무시로 찾고 때 마다 특별한 천문 행사가 벌어지는 곳이라 자연스레 천문인들끼리 친분이 쌓인다. 그 결과 이곳 천문인마을을 오래도록 지키자는 생각 으로 '별빛보호후원회'가 생겨났다고 한다. 현재 천문인마을 주변 에 임시 관측소들이 여럿 있는데 후원회의 멤버들이 크고 작은 망원 경들을 설치해놓은 것이다.

이곳은 경험이 없는 일반인의 방문도 친절히 맞고 있다. 단 떠들 썩하게 방문객 수만 늘어나는 것은 반기지 않는다. 다녀간 사람의 숫자만을 자랑으로 삼는 빈 수레의 요란함보다는 진심으로 밤하늘 을 동경하고 천문 활동에 애정을 지닌 사람들을 배출하자는 뜻에서 다. 그래서 그런지 이곳에서의 행사 안내나 참가자 모집은 인터넷으 로만 이루어진다. 하지만 떠들지 않아도 알 만한 사람은 다 알기 때 문에 무슨 행사든지 일주일이면 정원이 차버린다. 이럴 때는 자신의 천문 활동에 대한 애정의 깊이를 보여주며 호소하면 막차를 타는 것 도 가능하다는 것이 조현배 이장님의 귀띔이다.

방문 체험 프로그램은 평일과 주말을 가리지 않고 방문자들의 상 황에 맞추어 진행된다. 1일이나 2일 프로그램으로 짜여 있는 천문 관측 활동을 할 수 있다. 가족이나 단체를 대상으로 예약을 받으며, 80여 명 정도를 수용할 수 있는 숙박 시설을 갖추고 있다. 이곳은 밤하늘의 상태가 아주 좋기 때문에 다른 곳에서는 쉬이 볼 수 없는 깊은 하늘의 어두운 천체들을 볼 수 있는 특별함이 있다. 천문인마 을에서는 그야말로 깜깜한 하늘, 어린 시절 고향의 밤하늘을 만나는 일이 가능하다. 아담한 2층 건물에는 크게 1층에 카페테리아와 강 의실, 2층에 숙소, 옥상에 망원경이 있다. 여름철에서는 밤 8시(겨울철은 7시)부터 프로그램이 시작되는데, 약 한 시간 정도의 예비 교육에 이어 밤하늘의 상황에 맞춘 관측이 뒤따른다. 모든 시설에 천문 관측 활동을 위한 세심한 배려가 묻어 있다. 계단으로 설치된 목제 좌석에 앉으면 강의실은 소극장같이 아늑하고 아담하다. 카페테리아에서는 식사를 할 수 있고, 동료들과 차를 마시면서 카페의 분위기도 만끽할 수 있다. 카페테리아의 벽면을 가득 메운 천체 사진들과 천문 정보들을 보는 재미도 쏠쏠하다. 숙소의 침구도 깨끗하니 별빛에 젖은 몸을 누이면 꿈에서도 별이 쏟아질 것이다.

옥상에 설치된 구경 358mm 주망원경은 컴퓨터로 제어되는데, 날마다 가장 잘 볼 수 있는 천체들을 바꿔가면서 방문객들에게 선사한다. 자원봉사자의 안내를 받아 쌍안경으로 행성이나 성단을 관측하는 맛도 좋다. 관측이 끝나 잠자리에 들기 전에 카페테리아에서 마시는 차 한 잔을 빼놓을 수 없다. 밤의 고요가 주변을 휘감고 은은

여러 소품들과 천체사진 액자들이 가득한 건물 1층의 아늑한 카페테리아.

한 음악이 흐르는 곳에서 하늘에 박힌 별들을 친구하며 지인들과 나누는 대화는 얼마나 깊이 새겨질 추억이 될 것인가. 또 어느덧 시간이 흘러 새벽녘이 되면 다시 옥상과 돔으로 올라가 그 시간에만 볼 수 있는 예쁜 성운이나 성단을 관측할 수도 있다.

밤하늘을 보는 것은 다른 시공간으로 여행하는 것

천문인마을을 방문하여 그곳에 사는 사람들을 알게 되면 한 가지 의문스러운 느낌을 지울 수 없다. 서울 생활을 정리하고 이 산간벽지에서 별 보는 일만 10년을 계속하고 있는 조현배 화백이나 밤낮이 바뀐 생활 속에 매일 밤 방문객들을 맞고 동호인들과 함께 관측에 매달리는 정병호 대장을 생각해보자. 거기에 10시를 넘긴 깜깜한 주말 밤에도 천문인마을을 찾아 하나둘씩 올라오는 승용차들이 있다. 모두들 서울이나 다른 도시에서 직장생활을 하는 사람들이 저마다의 망원경을 찾아 야간 관측을 하러 오는 것이다. 학교 선생님, 철공소 기술자, 가톨릭 수사, 스님, 공무원, 화가, 회사원 등 직업도 다양하다. 이들은 대체 무얼 바라 보통사람에게는 한두 번의 추억으로 만족할 별을 보는 일을 스스로 금전과 시간을 써가며 하고 있는 것일까.

천문인들은 이것을 '밤하늘 중독증'이라고 한다. 우리 주변에는 담배·술·커피 같은 기호품은 물론 컴퓨터게임·경마·도박 등에 중독된 사람들이 많이 있다. 그런데 천문 관측에도 중독성이 있다는 것이다. 아마추어 천문가들이 많이 사용하는 망원경 중에 '돕슨식 (Dobsonian, 혹은 돕소니언) 망원경'이라는 것이 있다. 돕슨이라는

천문인마을의 마당가에 자리
잡은 앙증맞은 돔. 개인 관측
을 위한 망원경이 설치되어
있다.

사람이 만들고 보급한 망원경과 같은 계열의 망원경을 가리킨다. 반
사식이니 굴절식이니 하는 큰 분류에서부터 시작하여 슈미트식, 카
세그레인식, 막스토프식, 슈미트-카세그레인식 등 저마다 독특한
목적에 따라 설계된 망원경들이 많이 있다. 돕슨식 망원경은 크게
보면 반사식이지만, 독특한 목표와 형태로 인해 자기만의 이름을 얻
었다. 돕슨식 망원경의 목표는 '크고, 싸고, 편하게' 천체를 '눈'으
로 관측할 수 있는 망원경이다. 설치와 조작이 편하도록 다른 장치
는 모두 제거해버리고 오로지 설치대, 반사경, 경통, 부경, 그리고
아이피스만으로 구성되어 있다. 그렇기 때문에 손쉽게 분해해서 장
소를 옮길 수 있고 어느 곳에서나 관측이 가능하다. 말하자면 값싸
고 구경이 큰 휴대용 망원경이다. 설치대에 얹은 경통은 좌우, 상
하, 회전 등 간단한 움직임만 가능하다. 그래서 이 망원경으로는 천
체 사진을 찍을 수가 없다. 최근에는 여러 보조 장치들을 붙여 사진
을 찍거나 천체를 자동으로 추적하는 장치가 장착되는 경우도 있지

천문인마을의 밤풍경. 하늘 반, 별 반인 밤하늘이기에 가히 이곳이 별빛보호지구라고 할 만하다. (사진: 천문인 마을)

만, 이런 것들은 원래의 돕슨식 망원경의 이념에 어긋난다.

진화생물학의 개념 중에 '폭주적 진화'(runaway evolution)라는 것이 있다. 수컷 공작의 화려한 꼬리는 암컷과 수컷 상호 간에 꼬리가 긴 쪽을 선호하다보니 생활에 불편할 정도로 꼬리가 길어졌다는 것이다. 이 돕슨형 망원경도 오로지 더 깊고 먼 우주를 보기 위해 폭주적으로 진화해왔다. 사람들은 늘 더 먼 천체를 더 선명하게 보기를 원한다. 이 때문에 자꾸만 더 큰 망원경을 원했는데, 망원경이 커지면서 반대로 아이피스에 눈을 대고 보는 일은 자꾸만 불편해졌다. 현재까지 가장 큰 축에 속하는 돕슨식 망원경이 구경 30인치 정도 되는데, 이 망원경의 키는 5m 정도나 되어 반드시 사다리를 타고 올라가서 관측해야 한다. 더 깊은 우주를 보기 위해 구조가 간단한 망원경의 덩치를 자꾸만 키웠기 때문이다.

계속해서 더 큰 망원경을 가지려는 열망은 밤하늘 중독증의 원인이다. 망원경의 구경을 키우는 것은 어두운 곳에서 우리 눈의 동공이 커지는 것과 비슷하다. 어두운 곳에서 희미한 사물을 식별하기 위해 동공이 커지듯이 우주의 더 희미한 천체를 보기 위해서는 망원경의 구경이 더 커져야 하는 것이다. 그래서 구경이 큰 돕슨식 망원경을 '왕눈이'라고 부르기도 한다. 10km 바깥의 가물가물한 사물을 볼 수 있었던 사람이 100km 바깥의 사물을 볼 수 있게 되었다면 그 기분이 어떨까. 바로 옛날이야기에 나오는 천리안(千里眼)을 가지는 것이다. 그러면 그는 이번에는 다시 1,000km 바깥을 보고 싶어질 것이다.

망원경 관측에 중독되는 과정이 그러하다. 자꾸만 우주의 더 깊고 더 먼 영역을 보는 희열에 중독되는 것이다. 십만 광년, 천만 광년, 1억 광년, 10억 광년, 100억 광년……. 가능한 한 우주의 심연에 닿고 싶은 열망과 그 열망이 실현되었을 때의 희열, 그것이 수많은 천문인들을 밤마다 두메산골로 내몰고 껌껌한 하늘을 향해 망원경을 펼치게 만드는 것이다. 6인치 망원경으로 하늘을 본 사람은 8인치짜리를 가지고 싶고, 계속해서 10인치, 12인치, 15인치, 18인치, 20인치, 22인치, 30인치짜리로 열망은 자꾸만 커져간다. 10인치 이상이면 크고 무거워서 혼자서는 들고 움직일 수도 없다. 그러나 오로지 더 깊은 우주를 보고 싶다는 열망이 자기 키의 두 배도 넘는 30인치짜리 거대한 망원경을 '휴대용' 망원경이라고 여기게 하고 흔쾌히 불편한 사다리에 올라가 아이피스에 눈을 대게 만드는 것이다. 보이는 것과 보이지 않는 것의 경계에서 흔들리는 줄타기, 그것이 망원경을 손에 잡은 사람들의 운명이 되어버리는 것이다.

여행이 다른 시공간의 경험이듯 우주를 보는 것은 다른 시공간으로의 여행이다. 10억 광년 거리의 깊은 우주를 본 사람은 10억 광년 거리의 공간과 10억 년 전의 시간을 경험한 것이다. 천문학에서 흔히 쓰는 광년이라는 단위는 빛이 1년 동안 가는 거리를 나타내는 거리 단위다. 빛의 속도는 초속 약 30만km이다. 눈 깜짝할 사이에 30만km를 가는 빠른 속도의 빛이 1년 동안 가는 거리라니 상상하기조차 어렵다. 추억의 만화영화 「은하철도 999」의 종착역인 안드로메다은하는 지구에서 약 230만 광년 떨어져 있다. 광년이라는 단위에서 알 수 있듯이 우주 공간에서 거리는 곧 시간으로 치환된다. 1광년 떨어진 곳의 천체를 관측했다면 그 빛은 1년 전에 천체에서부터 출발한 빛이다. 그러니 우리가 안드로메다은하를 관측하거나 사진을 찍었을 때, 그 모습은 현재의 모습이 아니라 230만 년 전의 모습인 것이다. 우리는 더 멀리 떨어져 있는 천체를 볼수록 더 먼 과거의 모습을 본다. 별빛 중독자들은 말한다. "돈도 명예도 사랑도 다 싫다. 오로지 더 먼 과거를 들여다보고픈 열망뿐……." 결국 망원경의 구경을 키워가던 열망은 더 먼 과거를 보고 싶었던 '시간 거스르기'의 열망이기도 했던 것이다. 이 순간 망원경은 단순히 먼 곳을 보여주는 도구가 아니라 우리를 다른 시간에 옮겨주는 타임머신이 된다. 아무도 보지 못한 과거를 소유하려 하고 자꾸만 더 먼 과거로의 시간여행을 하려는 열망, 이것이 별빛에 중독된 자의 또 다른 숙명이다.

눈으로 우주의 심연을 들여다보고자 하는 열망이 천문 관측 중독을 낳는다면 다른 한편으로 인간의 시각 그 자체의 한계를 넘으려는 열망과 그것을 넘어설 때의 희열은 천문 사진 중독을 낳는다. 우주 공간에서 눈으로 관찰되는 대상들은 거의 대부분 흑백의 이미지일 뿐이다. 조물주가 우리 눈에 부여한 감각의 한계 때문이다. 인간의

천문인마을에서 촬영된 걸작으로, 2007년 2월 이건호 씨가 촬영한 장미성운 사진. (제공: 천문인마을)

눈은 순간순간 들어오는 빛을 감지할 뿐 희미한 빛을 모아서 상(像)을 만들 수는 없기 때문이다. 1초에 한 알씩 들어오는 빛은 우리 눈이 감지하지 못한다. 그런데 사진은 1초에 한 알의 빛을 100초, 1,000초간 모아 한순간에 볼 수 있게 해준다. 사진 건판 위에 계속해서 쌓인 빛 알갱이들은 서서히 상을 만들어 눈에는 보이지 않던 각양각색의 우주 거주민들의 모습을 드러내준다. 천체 사진 촬영에 빠지는 사람들은 바로 이 희열을 잊지 못한다. 눈에 보이지 않던 세계를 우주의 벽장에서 끄집어내는 일, 그것이 천체 사진이다. 사진을 보고 나서야 우리는 우주가 얼마나 다양한 무늬들로 수놓아져 있는지 알게 된다. 흑백의 희미한 우주의 무늬들이 컬러의 선명한 무늬로 드러나는 데에야 어찌 중독되지 않을 것인가.

사진은 다른 감각에의 경험이다. 잠자리 눈에 보이는 세계와 사람 눈에 보이는 세계는 다르다. 눈의 구조와 기능이 다르기 때문이다. 사진은 잠자리 눈으로 본 우주, 강아지 눈으로 본 우주처럼 인간의 눈으로는 볼 수 없는 다양한 모습을 만들 수 있다. 필터를 통해 특성이 다른 빛을 선택할 수도 있고, 노출 시간을 달리해서 빛의 양을 선택할 수도 있다. 사진을 통해 인간은 자신의 감각과 인식의 한계를 넘어선다. 우주는 감각되는 것보다 더 많은 진실을 간직하고 있는 것이다. 어제까지 발견하지 못했던 우주의 새로운 무늬, 새로운 진실을 찾아 오늘도 천문가들은 카메라를 들고 밤하늘로 내달린다.

밤하늘에 빠진 사람들은 천문인마을로 간다

눈으로 보는 세계를 넓히려는 열망이든, 사진으로 감각의 한계를 넘으려는 열망이든 하나같이 필요한 것은 좋은 시야다. 어쨌든 천체들이 가장 잘 보이는 곳에서 하늘을 응시해야 하는 것이다. 밤하늘에 빠진 사람들이 천문인마을로 몰려드는 이유가 여기에 있다. 그곳이라야 그들은 가장 큰 해방을 맛보는 것이다. 저마다 해방구를 찾아 몰려들다 보니 이곳에는 그야말로 이름과 실질이 똑같은 '천문인마을'이 만들어진다. 저마다 가보았던 우주의 경험이 거래되고 경험을 공유한 사람들의 일체감이 축제를 만들어내는 것이다. 밤하늘을 향한 열망의 해방구인 천문인마을에서는 해마다 수백여 명이 참가하는 마을 축제가 펼쳐진다. 그 중에서 매년 열리는 스타파티(Star party)와 메시에마라톤(Messier marathon)은 천문인마을에서 벌어지는 가장 크고 화려한 축제다.

스타파티는 아마추어 천문가들이 천문 관측으로 밤을 새며 즐기는 파티다. 천문인마을에서 벌어지는 스타파티는 매년 150~200명 정도가 참가하는 행사로서 그 규모와 수준에서 우리나라 최고다.

해마다 천문인마을에서 열리는 천체사진공모전에서 수상한 천체사진들을 건물 1층 카페테리아에 전시해놓고 있다. 가히 세계적인 수준의 사진들이다.

행사 기간은 양력 9월초~10월초이며 월령은 그믐이 가까우면서도 조그만 달을 볼 수 있는 날에 열린다. 가을이라 하늘도 맑고, 그믐 무렵이면 달빛에 방해받지 않고 희미한 천체들을 잘 관측할 수 있기 때문이다. 하지만 달이 아예 없으면 초보자들이 즐길 수 있는 재미가 반감되니 조그만 달이 뜨는 날이 제격이다. 크레이터에 그늘이 지고 울퉁불퉁한 표면의 모습이 제대로 드러나는 초승달이나 그믐달을 모두가 함께 보는 일은 스타파티에서 빼놓을 수 없는 즐거움일 것이다.

선진국의 스타파티에서는 별과 관련된 연극·영화·콘서트 등의 문화 공연까지 벌어져 2~3일에 걸쳐 질펀한 축제가 벌어지지만, 우리나라에서는 아직 하룻밤을 별과 함께 보내는 것에 만족해야 한다. 아직은 일본이나 유럽·미국에서처럼 카메라나 망원경 제작사가 행사를 후원하는 일이 거의 없기 때문이다. 우리나라에서는 여전히 '별 보는 일'이 '별 볼일 없는 일'로 생각되고 있는 것이다. 참가자들은 각종 동호회나 가족들이 모둠을 만들기도 하지만, 다만 별을 보는 일을 즐기러 혼자서 오는 사람도 많다. 베테랑 도우미들이 초보자들을 위해 별자리 강의, 망원경 조작법, 천체 찾기, 추적하기, 사진 찍기 등 기초적인 내용을 지도해주므로 초보자들도 아무런 부담 없이 참가하여 함께 즐길 수 있다.

스타파티는 때로 전국의 내로라하는 천문가들이 보유한 장비의 경연장이 되기도 하다. 저마다의 장비들을 도열해놓았을 때는 마치 해군 함대의 관함식이나 육군 기계화 부대의 퍼레이드 같다. 당당한 위용으로 오늘 밤 자신이 보여줄 천체들이 가장 아름다운 모습이 될 것이라고 선언하는 듯하다. 또한 스타파티는 정보의 교차로가 된다. 저마다 터득한 새로운 기술과 기법들을 다른 사람들과 함께 나누는 그야말로 '별 인심'이 후한 잔치마당이 된다. 같은 영화를 보고 나누는 대화도 즐거울진대, 나와 똑같은 망원경이나 카메라를 가진 사람을 만났을 때 느끼는 친근함과 솟아나는 동료애는 말이 필요 없으리라.

별잔치 집에서는 성도(星圖)를 뒤적여 천체를 찾아가며 이 천체가 맞는지 아닌지로 왁자하다가 지나가던 고수의 훈수로 결판이 나기도 하고, 선배가 망원경의 중심에 잡아놓은 천체를 후배가 서툰 손놀림으로 흘려버렸을 때는 핀잔도 돌아온다. 망원경의 좁은 시야에서 목표로 한 천체를 찾는 일은 그리 쉬운 일이 아니다. 또 초보자는 정확히 위치를 잡아주어도 시야에 보이는 희미한 천체가 목표로 한 천체인지 아닌지 알아보는 것도 어렵다. 밤새 여기저기서 소담스런 풍경들이 펼쳐지는 잔칫집이지만, 별 이야기만 하다 보면 뱃속이 출출해지니 야식이 또한 즐겁다.

스타파티에서 천체 사진을 찍는 사람들은 안시 관측자들보다는 자못 진지하다. 저마다 목표로 한 천체를 잡아놓고 자동 추적 장치를 이용해서 몇 십 분이고 빛을 모아야 하기 때문이다. 이들은 어린아이 신발에서 반짝이는 만화 캐릭터 불빛에도 신경이 쓰이는 사람들이다. 그래서 그들 대부분은 사람들의 눈을 피해 혼자서 작업한다. 함께 노래를 부르고 함께 대화를 나눌 수는 있지만 어떤 경우에도 불빛은 금물이다. 광해라는 말을 가장 실감하는 사람들은 사진가들이다. 별빛 알갱이 몇 개를 더 모으려고 애쓰고 있을 때 먼발치의 가로등 불빛은 대낮의 태양빛보다 더 큰 영향을 미친다. 사진의 아랫부분이 희뿌연해지거나 잘 찍힌 사진이 색이 바랜 듯 불그레해졌다면 주변의 잡광이 끼어든 것임에 틀림없다. 사진가들은 또 밤새워 천체를 옮겨가며 좋은 사진을 얻기 위해 여념이 없다. 아마 이들이

가장 맞이하기 싫어하는 손님은 수다스럽게 질문을 반복하는 초보
자가 아니라 아침을 알리며 떠오르는 태양일 것이다.

떠오르는 태양을 서운해 하는 사람들이 모이는 또 다른 별잔치는
메시에마라톤이다. 태양이 떠오르면 마라톤도 끝나기 때문이다. 프
랑스 천문학자였던 메시에(Charles Messier, 1730~1817)는 1784
년까지 혜성과 혼동하기 쉬운 성운과 성단을 가려내 103개의 목록
을 만들었다. 이후 다른 사람들에 의해서 몇 개의 목록이 추가되어
현재는 110개가 되었다. 메시에마라톤은 메시에 목록에 오른 110
개의 천체를 하룻밤 사이에 얼마나 많이 관측하는지를 겨루는 대회
다. 우리나라에서 단 한곳 천문인마을에서만 열린다. 메시에마라톤
은 매년 3월말에서 4월말에 걸치는 시기에 벌어진다. 우연히도 춘
분점 부근의 하늘에는 메시에 목록에 오른 천체들이 거의 없기 때문
에 태양이 춘분점 부근에 머무는 이 시기를 택하는 것이다. 하지만
우리나라는 봄 날씨가 썩 좋지 않아서 하룻밤 사이에 모두 관측하기

천문인마을에서 뛰노는 아이
의 뒤로 맑은 하늘이 열린다.

가 쉽지 않다.

모든 마라톤이 그렇듯 메시에마라톤도 경쟁이다. 그래서 좋은 성적을 내기 위해서는 전략을 잘 세워야 한다. 초저녁에는 목표 천체들이 지평선 밑으로 금방 저버리므로 성도에서 관측할 순서를 정해놓고 시작해야 놓치지 않는다. 마찬가지로 새벽에도 곧 태양이 떠오르므로 시간적 제약을 많이 받는다. 해 지기 전에 미리 집합하여 해지자마자 희미한 나선은하인 M74를 시작으로 마라톤이 시작된다. 밤새 진행된 레이스는 해가 뜰 무렵 구상성단인 M30으로 마감한다. 일반 마라톤이 35km 지점에서 가장 힘들다고 하지만 메시에마라톤은 시작 지점과 끝 지점이 가장 힘들다. 하지만 이 시간대만 제외하면 좀 여유 있게 관측할 수 있다. 메시에마라톤에서 자동천체탐색장비(CAT)가 장착된 망원경으로 대상을 찾는 것은 실격이다. 이것은 일반 마라톤에서 선수가 자동차를 타고 남들을 앞질러가는 것이나 마찬가지다. 메시에마라톤 선수는 오로지 성도와 파인더를 들여다보며 대상을 탐색해야 한다. 좀 더 넓은 시야를 보기 위해 쌍안경을 이용하는 것은 허락된다. 대회 당일 날씨에 따라 다르지만, 보통의 메시에마라톤에서는 약 105~107개 정도를 찾아낸 출전자가 우승하는 경우가 많다고 한다.

수년 전까지만 하더라도 아마추어 천문가라고 하면 혜성이나 소행성을 발견하는 사람들이라는 이미지가 있었다. 그러나 관측 장비가 자동화되면서 미확인 천체들을 새로 발견하는 일은 아마추어 천문가들이 기피하게 되었다. 자동화된 장비를 이용하여 하늘을 훑어내서 소행성이나 혜성을 발견하는 것은 아마추어답지 않은 일로 여겨지고 있기 때문이다. 아마추어 천문가들은 몸을 움직여 우주를 체험하고자 하는 사람들이다. 등산가들이 헬리콥터를 타고 에베레스트 산에 착륙하는 대신 눈길을 헤치고 산정까지 힘들게 올라가는 수고를 가치 있게 여기는 것이나 마찬가지다. 한발 한발 내딛어 정상에 올랐을 때 느끼는 등산의 희열처럼 그들은 더디고 지루할지라도 망원경을 손으로 만지고 별들을 눈으로 보며 몸으로 느끼는 과정 전체를 즐거워한다. 메시에마라톤은 그런 점에서 천문인들의 아마추어 정신을 가장 잘 구현하는 경주가 아닐까.

천문인마을의 조현배 화백은 "별이 픽션(fiction)이 되어가고 있다"고 말한다. 현대인들에게 별은 사진에서 언젠가 본 듯한, 어려서 본 적이 있는, 노래에서 들어본 적 있고 영화에서 본 적 있는 무엇일 뿐 내 눈과 내 몸으로 느껴본 실물이 아니게 되어간다는 것이다. 도시화에 따른 광해 때문에 '깜깜한 밤'이라는 말이 현실에서는 더 이상 성립하지 않게 되었다. 하지만 별이 픽션이 되어가는 오늘에도 수많은 사람들이 이곳 천문인마을의 밤하늘 아래로 몰려들고 있다. 등산가들에게 왜 산에 오르느냐고 물으면 "산이 거기 있어서"라고 말한다고 한다. 천문가들에게 왜 밤하늘을 보느냐고 물으면 "밤하늘이 거기 있어서"라고 할 것이다. 별이 픽션이 되어가는 시대이기에 별을 보는 일은 더욱 의미가 깊어지는 것 같다.

옛날부터 사람들을 끌어들이는 '강원도의 힘'

돌아오는 길에 강림삼거리에서 '태종대'(太宗臺) 쪽으로 차를 돌려 거기에 펼쳐지는 계곡과 들녘의 경치로 먼지 묻은 차창을 닦아보았다. 낭떠러지 위에 있는 태종대는 나중에 조선의 태종이 된 이방원(李芳遠, 1367~1422)이 어린 시절 스승이었던 운곡 원천석(元天

천문인마을로 가는 계곡을 흐르는 강물.

錫, 1330~?)에게 관직에 나와서 정치를 해달라는 부탁을 하러 왔다가 머물렀던 자리라고 한다. 피비린내 나는 조선 초기의 정치 상황에 환멸을 느꼈던 원천석은 태종을 만나지 않으려고 피해버렸다고 한다. 원천석의 소재를 묻던 이방원에게 한 노파가 거짓으로 대답하고는 죄가 두려워 물속에 몸을 던졌다고 한다. 그곳이 태종대에서 보이는 노구소(老嫗所)다. 태종대에 올라서 계곡을 보니 서울에서도 와서 볼 만큼 아름답고 아찔하다.

스승을 정계로 끌어내고자 태종 이방원이 이렇게 먼 강원도의 산골짜기까지 몸소 나왔다니 잘 믿어지지 않는다. 그러고 보니 태종대가 있는 곳보다도 더 깊은 산골짜기의 천문인마을까지 별빛을 찾아오는 사람들도 쉬이 믿기지 않을 것은 마찬가지인 것 같다. 예나 지금이나 사람들은 무엇인가를 찾아 강원도에 온다. 이토록 깊은 산골짜기에까지 사람을 불러내는 것이 수년 전에 나온 영화 제목처럼 '강원도의 힘'인가.

별똥별
헤아리기

별이나 우주라는 말의 속뜻을 알려면 밤하늘을 직접 살펴보아야 한다. 살아 있는 별빛과 우주의 풍경이 눈동자 속으로 들어오기 때문이다. 하지만 아쉽게도 요즈음 도시에서는 '쏟아질 듯 많은 별'이나 '보석처럼 빛나는 별'은 거의 볼 수가 없다. 밤하늘에서 별똥별이 흘러가는 것을 본 적이 없는 사람도 많다. 별똥별이 나타나 그 빛이 사라지기까지 소원을 빌면 이루어진다는 이야기가 있다.

마음속에 소원을 담고 별똥별을 찾아 나서자. 천문대로 찾아가는 방법도 있지만, 시골집 앞마당에서, 휴가를 보내는 산이나 계곡, 바닷가에서도 괜찮다. 달빛이 없는 깜깜한 밤이라면 별똥별을 반드시 볼 수 있다. 잘 믿기지 않겠지만, 맑은 밤하늘을 10~20분 정도만 바라보면 한두 개의 별똥별은 꼭 볼 수 있다. 우리 눈으로 볼 수 있는 별똥별은 매일 지구에 2천 5백만 개가량이나 떨어진다. 하루 동안 지구에 떨어지는 별똥별의 총량은 약 100톤이나 된다고 한다.

장시간 노출을 주어 별이 길게 흐른 사진이다. 오른쪽에 비스듬히 화살처럼 떨어지는 것이 유성이다. (사진: 오인재)

우주 공간에는 티끌이나 먼지, 암석의 파편 덩어리가 떠다니고 있다. 그것들은 소행성끼리 충돌했을 때 남은 파편이나 혜성의 꼬리에서 떨어져 나온 것들이다. 이런 알갱이들이 어느 순간 지구의 중력에 이끌려 대기권으로 들어오면 공기와 마찰을 일으켜 그 표면이 타면서 빛을 만들어내는 것이다. 이것이 흔히 '유성'(流星)이라고 부르는 별똥별이다.

대개의 별똥별은 밤하늘의 어떤 곳에서나 띄엄띄엄 나타난다. 이런 것을 '산발 유성'이라고 한다. 하지만 혜성이 남긴 찌꺼기들이 만드는 유성은 한곳에 집중되기 때문에 한꺼번에 많은 유성이 보인다. 빗방울처럼 쏟아진다고 해서 이것을 '유성우'(流星雨)라고 부른다. 지구가 공전하면서 혜성이 지나간 자리를 지날 때 나타나기 때문에 유성우는 며칠에 걸쳐 점점 늘어났다가 줄어든다. 그래서 유성우가 나타나는 때를 맞추면 한꺼번에 엄청나게 많은 유성을 볼 수 있다.

★ 꼭 알아두어야 할 유성우 ★

유성우는 방사형으로 퍼져나가는데, 그 가상의 중심점을 복사점이라고 부른다. 그리고 복사점이 있는 별자리의 이름을 따서 유성우 이름을 정한다. 예를 들어 사자자리에 복사점이 있으면 '사자자리 유성우'라고 부른다. 유성을 더 잘 보려면 복사점이 있는 별자리만 뚫어지게 보아야 할까? 그렇지만은 않다. 대부분의 유성은 하늘을 길게 가로지르기 때문에 복사점을 염두에 두면서 하늘을 넓게 바라보는 것이 더 낫다.

유성우 이름	극대일	활동 기간	시간당 가장 많이 떨어지는 유성의 수
사분의자리 유성우	1월 4일	1월 1일~6일	100
거문고자리 유성우	4월 22일	4월 19일~25일	10
물병자리 에타별 유성우	5월 5일	4월 24일~5월 20일	35
물병자리 델타별 유성우	7월 28일	7월 15일~8월 20일	30
페르세우스 유성우	8월 12일	7월 23일~8월 20일	80
오리온자리 유성우	10월 21일	10월 16일~26일	25
황소자리 유성우	11월 3일	10월 20일~11월 30일	10
사자자리 유성우	11월 17일	11월 15일~20일	편차가 심하다. 극대기에는 시간당 수 만개가 떨어지기도 한다.
쌍둥이자리 유성우	12월 13일	12월 7일~15일	100

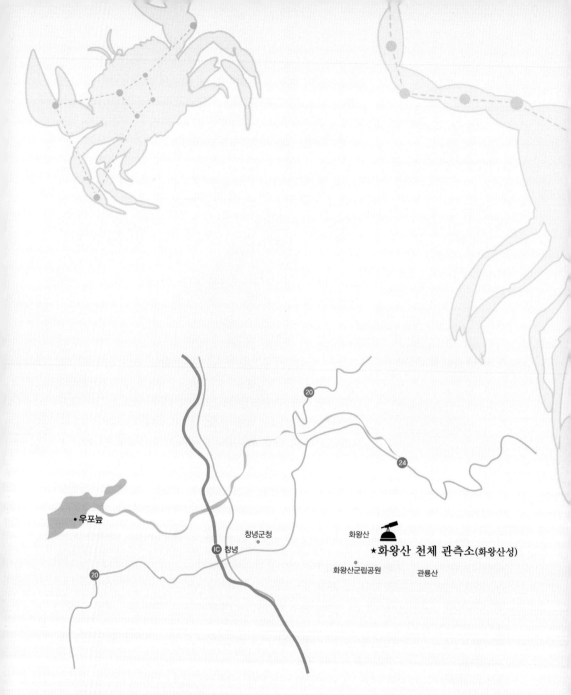

거인의 꿈이 하늘에 닿은 곳

겨울 밤하늘 사진 하나 | 타고난 별지기의 꿈과 삶 | 단 한 컷을 위해 1년을 찍은 천체 사진 |
'열정 없는 천재는 없다' | 별이 좋아 하늘의 별이 되다 | 푸르고 푸른 우포늪

별 여행 가이드 5: 보름달을 만나다

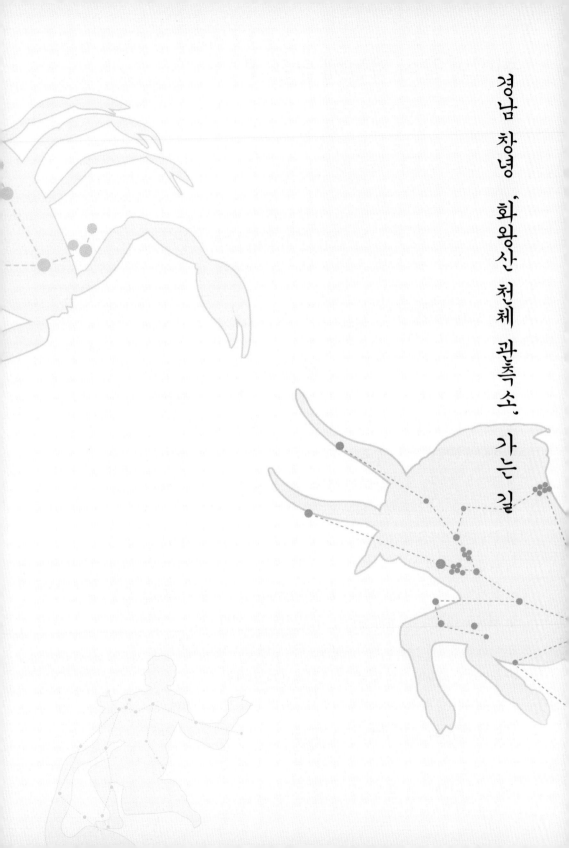

경남 창녕 '화왕산 천체 관측소' 가는 길

거인의 꿈이 하늘에 닿은 곳

겨울 밤하늘 사진 하나

내 집에 사진을 담은 큰 액자가 하나 있다. 하늘로 향해 뻗은 기다란 참나무 가지들이 하늘과 땅의 경계를 채우고 나뭇가지 뒤로 영롱한 오리온자리가 긴 호를 그리며 흐르고 있다. 천체 사진을 아는 사람이 아니면 무엇을 찍었는지조차 짐작하기 어렵지만, 나는 이 사진에서 하늘을 흐르는 오리온자리의 아름다움보다는 어느 거인의 고독이 겨울밤에 찬바람을 맞고 있는 모습을 본다. 그래서 이 사진은 내 집에서 단지 6개월 동안만 걸려 있었고 이후에는 늘 얼굴을 뒤로 한 채 바닥에 내려져 있다. 나는 2000년 겨울 한 달 간의 인도 여행에서 돌아와 그 사이 이승을 떠나버린 한 사람의 부음을 들었다. 그리고 액자를 내렸다. 겨울의 밤바람 속에 카메라를 열어두었던 그가 또 다른 겨울밤에 바람을 따라 가버린 후로 참나무 가지와 오리온자리 뒤편에서 자꾸만 그의 얼굴이 어른거리기 때문이다.

오늘 나는 영혼이 맑은 한 거인의 모습으로 우리 곁을 지키며 수많은 별지기들의 길을 안내하다가 거짓말같이 갑자기 하늘의 별이

오리온자리의 밝은 별들이 동쪽 하늘로 날아오른다. (사진: 박승철, 「오리온자리의 승천」)

되어버린 한 천문인의 마음자리를 확인하러 간다. 경상남도 창녕군 화왕산 꼭대기에서 그의 꿈이 여전히 우주를 응시하며 우리를 내려다보는지 확인하러 가는 것이다. 지금쯤 그의 꿈은 희뿌연 억새꽃으로 피었을 것이고, 밤하늘을 향한 정열은 육중한 바위가 되어 그곳을 지키고 있을지 모르겠다. 아니면 봄 산의 붉은 철쭉 같은 그의 열망이 늦은 겨울 대보름 불놀이에 새까맣게 타버린 억새들의 잔재로 남았을지도 모르겠다. 어쨌거나 그는 길지 않았던 삶 전체를 통해 계절이 흐르는 하늘마다 자신의 흔적을 새기다 하늘에 올라갔고, 나는 이제 그가 남긴 지상의 흔적을 매만지는 일로 그에 대한 존경을 대신하려는 것이다.

타고난 별지기의 꿈과 삶

박승철(1964~2000)은 경상남도 창녕에서 나고 자랐다. 마산에서의 고등학교 시절 이후로 서울에서 대학을 다니며 열정적인 천문인으로 성장했다. 국립 소백산천문대에서 1993년 12월부터 1998년 12월까지 꼬박 5년을 근무한 것을 끝으로 직장생활을 정리했고, 이어 고향에 돌아가 천문대를 짓고 부모를 모시고 살려고 했지만 이루지 못했다. 영문도 모르고 영문학과에 진학했다는 우스갯소리로 자신의 전공을 소개하곤 했던 그는 사실상 천문학을 전공한 것이나 다름없었다. 아마추어 천문가, 천문 관측가, 천체 사진가, 천문 교육가 등 천문학과 관계되는 것이면 모두 그의 호칭이 될 수 있다.

자신보다 자식을 앞세워 보내버린 아픔이 노환과 겹쳐 힘들어진 그의 어머니는 지금도 승철을 별과 함께 기억한다. "그 애는 어려서부터 별을 보겠다고 외치곤 했어." 초등학교에 입학하기 전부터도 승철은 "나는 커서 꼭 별을 볼 거야." "별을 보며 살 거야"라고 말하고 다녔다고 한다. 그것은 어린아이의 결심일 수도 있었겠지만, 천문인으로 살았던 그를 생각해보면 자신의 운명에 대한 예언이었는지도 모르겠다. 거부할 수 없는 무언가의 거대한 힘으로부터 전해진 자신의 운명에 대한 예지는 결국 사실이 되었다. 그는 별을 보았고 별을 보며 살았다. 그는 자신뿐 아니라 남들에게도 별을 보여주었고, 보라고 했으며, 그들이 별을 보게 만들었고, 이제는 자신마저 별이 되어 사람들의 마음을 별로 이끌고 있다. 필시 어느 밤 시골집 벽장의 작은 창을 통해 하늘을 보던 대여섯 살 어린아이의 마음에 내린 한마디의 예언은 어느 먼 신비의 천체에서 왔을 것이다. 그 아이의 예언이 파문이 되어 공명을 일으키며 그와 닿았던 모든 사람들의 마음속에 별을 향한 열망을 일으키며 퍼져가는 것을 보면 말이다.

하지만 당시 부모님들은 '별을 보고 산다'는 의미를 잘 알 수가 없었다. 별을 보는 일이 어떤 즐거움을 주는지 알 수 없었을 뿐만 아니라, 그것이 한 인간이 온전히 생을 바쳐 해야 할 일이 되고 하고 싶은 일이 될지는 꿈에도 몰랐기 때문이다. 승철은 비록 작은 규모이기는 하지만 창녕군 도천면 우체국장님 댁의 아들이었다. 그래서 대학시절 이후로 승철은 아버지의 뒤를 이어 우체국을 운영하는 것도 소박한 한 생으로 의미 있다고 생각하기도 했다. 그러나 그의 꿈은 언제나 별을 보고 사는 것이었다. 이런 승철에게 어머니와 아버지는 많은 말을 하지 않았다. 다만 삼대독자 아들이 일삼고 있는 별 보는 일이 동네 사람들에게 자랑거리는 아닐지라도 아들이 추구하는 일이 좋은 일임에 틀림없으리라는 믿음만은 잃지 않았다. 그래서 집안에서 승철의 직업적 미래에 대한 논의는 침묵이 대신했지만, 부모님에게는 그가 언제나 마음 든든한 아들이었다. 아들이 방학 때마다 서울에서 몰고 오는 10여 명의 후배들을 내 아이처럼 먹이고 등을 다독여주었고 마지막에는 화왕산 꼭대기에 천문대를 만들고 당신들과 함께 살겠다는 아들에게 가산을 덜어주는 일도 마다하지 않았다.

귀여운 동생이 자라서 큰 인물이 되고 출세하기를 누구보다 바랐을 큰누나는 어쩌면 승철을 천문인으로 만든 일등공신이었다. 승철이 세상에서 처음으로 소유하게 된 망원경을 사준 사람이었기 때문이다. 초등학교 5학년 때의 일이다. 승철은 일기장 가득히 망원경,

밤사이 지구의 자전에 따라 별이 돌고 있다. (사진: 박승철, 「북극성 둘레를 맴돌다」)

망원경을 써놓았다. 열두 살 어린이의 일기장에 드러난 소망은 누나를 움직였고, 누나는 한 달 방세에 해당하는 고가의 망원경을 선뜻 사주었다. 하지만 생애 최초의 망원경의 형편없는 성능을 확인한 그는 남몰래 여러 날 눈물을 흘렸다고 한다. 그리고 이것은 아마 앞으로의 승철의 삶을 별을 보는 일로 향하게 한 이정표이기도 했다. 그로부터 자꾸만 더 좋은 망원경을 가지고 싶어 하는 천문인으로서의 열망은 더 강해졌기 때문이다.

승철이 중고교시절 혼자만 만지작거려왔던 밤하늘에의 열망은 대학시절에 세상 밖으로 몸을 보였다. 서강대학교에서 아마추어천문회를 조직하고 망원경을 제작하고 후배를 교육시키며 관측 활동을 해나갔던 시절은 승철의 젊은 날에 가장 뜨거운 열정의 날들이었다. 동아리에서 알고 있던 거의 모든 천문학 지식은 거의 모두 승철이 가져온 것이었고, 그가 허기진 듯 읽어대던 천문 잡지나 서적에서 온 것이었다. 무서울 정도의 집중력으로 관측 계획을 세우고 후배들과 함께 망원경에 매달리면서 한밤을 꼬박 새웠으면서도 부옇게 동이 터오면 모두를 불러놓고 평가회를 강제하던 그를 대하던 후배들의 감정에는 두려움과 존경이 뒤섞였다고 한다. 관측에 들어가기 전에 아이피스를 제대로 닦아놓지 않았던 사람에게는 불호령이 떨어졌고, 카메라를 고정시키는데 서툴렀던 신입생은 밤새 곱은 손을 녹일 틈도 없이 또다시 칼바람 같은 선배의 지적에 몸을 떨어야 했다.

하지만 무엇이었을까, 후배들의 마음속에 그에 대한 두려움을 존경으로 바꾸어놓고 찬바람 속에서 망원경을 안은 채 밤을 새워야 하는 괴로운 관측회에 초대받는 일을 즐거움으로 여기게 만든 힘은. 그가 떠난 지 수년이 지난 지금에도 후배들의 마음속에서 그와 함께 했던, 그 모기에 따갑고, 바람에 춥고, 기다림에 지루했던 시간들을

기억나게 하는 힘의 정체는 무엇일까. 어느 후배는 말한다. "불어터진 허연 라면조차, 어느덧 식어버린 국물조차, 그를 통한 기억으로 남게 한 승철은 분명 거인이었다." 그는 구척장신의 육체뿐 아니라 남겨진 우리보다는 훨씬 더 하늘에 가까웠던 거인이었다. 그를 따라 창녕 고향집으로, 화왕산 꼭대기로, 혹은 불빛 없는 국토의 산과 들로 쏘다녔던 후배들도 밤하늘로 향했던 그의 열망의 깊이를 아직도 다 재지 못할 정도로 그는 거인이었다.

밝고 긴 꼬리를 뽐내며 나타난 헤일 밥 혜성. (사진: 박승철, 「뜻밖의 방문」)

대학을 졸업한 후 그는 곧바로 천문학을 업으로 삼았다. 우리나라 최초의 천문 월간지 『하늘』을 창간하고 편집장을 맡았다. 잡지가 나온 것은 단 2년 간이었고 결국 우리나라에서 전문지로서의 천문 잡지는 아직 시기상조라는 결론에 이르렀지만, 이 기간은 승철이 천문 관측과 사진 촬영 전문가로 사회적인 인정을 받아가는 시기이기도 했다. 승철은 편집장으로서 많은 글을 쓰고 직접 찍은 사진을 실었다. 지금까지보다 더 많은 우리나라 아마추어 천문가들을 만나고, 그들의 이야기를 들었으며, 대중 강연을 통해 자신이 느껴온 천문학의 매력을 알렸다. 또한 천문대를 설립하고자 하는 기관이나 개인들에게 조언을 하고 각종 천문 이벤트들에 관여하게 되었다. 이 시절 승철은 우리나라에서 첫손에 꼽히는 천문 관측가이자 천체 사진가로서 서서히 알 만한 사람들 사이에서 이름이 알려졌다.

잡지가 정간에 들어갈 무렵, 승철은 한국천문연구원의 소백산천문대 망원경을 운용하는 운영요원(오퍼레이터)이 되었다. 영문과 출신의 아마추어 천문가가 국립천문대의 연구원이 된 것은 한국 근대 천문학의 역사에서 결코 두 번 다시 일어나기 힘든 획기적인 사건이었다. 나는 조선의 정조 시대에 김영(金永, 1475~1528)이라는 발군의 천문학자가 과거시험을 거치지 않고 국왕의 특명으로 서운관(書雲觀)에 임용되었던 사례를 알고 있다. 그는 당시 누구도 당할 수 없는 수학과 천문학 실력으로 조선 팔도에 소문이 자자했다. 천문학자에게 실제로 필요한 것은 과거 합격의 간판이 아니라 실력이라는 것을 보여준 사건이었다. 그리고 김영 이후 200여 년 만에 승철이 국립 천문대의 연구원이 되기 위한 대학 전공의 간판이 아니라 실력을 갖추었다. 망원경을 조작하고 천체를 관측하는 관측 기술과 천체의 모습을 사진으로 담아내는 천체 사진 기술에서 승철은 전국 제일이었다.

승철은 대학시절부터 "천문대의 수위 자리라도 맡을 수 있다면 한이 없겠다"고 말하곤 했다. 천문학을 평생의 업으로 삼고 살아갈 수 있다면 그것으로 행복하리라는 기대였다. 그에게 천문학은 성취의 목표가 아닌 삶 그 자체였다. 그는 밀턴 휴메이슨(Milton L. Humason, 1891∼1972)이라는 미국의 전설적인 천문학자를 닮고 싶어 했다. 휴메이슨은 중학교 2학년 중퇴가 전부인 학력으로 20세기 최고의 천문학자의 한 사람으로 추앙받는 에드윈 허블(Edwin Hubble, 1889∼1953)의 공동 연구자가 되었다.

월슨산천문대를 건설할 때, 그는 본디 노새에 짐을 싣고 산꼭대기까지 꼬불꼬불한 길을 따라 오르내리던 노새 몰이꾼이었다. 공사가 끝난 후, 그는 월슨산천문대의 수위가 되었다. 호기심 많고 성실했던 휴메이슨은 천문대에서 연구하던 학자들에게 수많은 질문들을 해대며 그것을 통해 천문학의 기초를 뗐다. 그리고 천문대의 수위에서 관측 장비를 다루는 연구보조원이 되었다. 장비를 다루는 일에서 눈부신 실력을 보여준 휴메이슨은 1919년 천문대장인 조지 헤일(George Hale)의 연구원으로 발탁되었다. 일개 노새 몰이꾼이 명실상부한 천문학자가 된 것이다. 또한 그는 월슨산천문대의 100인치(2.5m) 망원경과 팔로마산천문대의 200인치(5m) 망원경을 자유자재로 다루면서 1930년부터 1957년까지 620개나 되는 은하의 적색편이를 측정해냈다. 그리고 이런 데이터들은 허블이 팽창우주론을 제창하는 데 결정적인 공헌을 했다.

밀턴 휴메이슨이 되고자 했던 승철의 이름이 드디어 한국천문연구원에도 알려졌다. 1993년, 때마침 한국천문연구원에서는 소백산천문대의 관측 장비를 다룰 사람을 찾았다. 천문학자들은 망원경이나 여러 전자기기들을 사용하여 관측을 하고 자료를 모아 연구를 한다. 하지만 이들이 모두 천문대에 상주하면서 관측기기를 다루지는 않는다. 그들은 데이터만 얻으면 되기 때문이다. 천문대에는 바로 이런 연구자들을 위해서 망원경과 전자기기들을 전담하여 다루는 사람이 필요하다. 천문대에서는 오랫동안 천문 관측 경험을 쌓아왔고 사진을 촬영해왔으며 천문학 지식도 깊은 그런 인재가 필요했던 것이다.

승철에게는 소백산천문대의 구경 61cm 반사망원경을 조작하는 임무가 맡겨졌다. 나는 소백산천문대를 방문했을 때, 주망원경을 만져보면서 잠시 승철이 이곳에 머물렀던 시간을 상상해본 적이 있다. 육중한 체구의 망원경에 붙은 각종의 부가장치들이 지금껏 함께한 주인들의 흔적은 아닐까. 그리고 그 중에 무엇인가 승철의 손길이 오래 닿았던 것이 있으리라 상상해보았다. 소백산천문대의 방문자 센터와 관측실로 통하는 복도에서는 승철이 머물다 간 흔적이 더욱 또렷하다. 그곳에 그가 찍은 멋진 천체 사진들이 여러 장 걸려 있기 때문이다.

단 한 컷을 위해 1년을 찍은 천체 사진

누구나 쉽게 찍는 일반적인 사진과 달리 한 장의 천체 사진이 만들어지기 위해서는 촬영 기술은 물론 엄청난 시간과 인내가 필요하다. 승철의 사진 중에서 내가 제일 좋아하는 사진은 무주 적상산의 참나무 가지 사이로 북두칠성이 서 있는 사진이다. 나는 이 사진이 승철에게 어떤 시간과 인내를 요구했는지 조금은 안다. 쉬이 믿기지 않겠지만, 이 한 장의 사진은 꼬박 1년 걸려 만들어진 것이다. 사진 자체의 미학적 완성도의 뒤편에 촬영자에게 요구되었던 엄청난 양의 시간과 인내가 숨어 있다는 것을 사람들은 잘 짐작하지 못할 것이다.

숲속 나뭇가지 사이를 가르며
북두칠성 일곱 별이 고개를
내민다. (사진: 박승철, 「숲속의
북두칠성」)

　가지 사이로 꼬리를 내리고 곧추서 있는 북두칠성을 잡아내기 위
해 승철은 사철 자연과 씨름해야 했다. 북두칠성은 북극성을 중심으
로 하루에 한 바퀴를 돌기 때문에 지평선에 수직으로 서는 시간은
하루에 단 몇 십분 정도에 불과하다. 또한 북두칠성은 계절에 따라
서 약간씩 위치를 바꾼다. 초저녁에 곧추섰던 것이 계절이 바뀌면
다른 시간에 일어나는 것이다. 이런 변화 때문에 북두칠성이 곧추서

는 사진을 찍을 수 있는 시간을 정하는 데 세심한 주의가 필요하다. 또한 승철에게는 천문대 업무가 있었으므로 개인 사진을 찍는 야외 관측을 나가려면 주말을 이용할 수밖에 없었다. 주말이라도 하늘의 상태가 좋은 곳을 찾아야 하고, 날씨도 맑아주어야 한다. 구도·시간·날짜·일기·관측지 등 모든 조건이 다 갖추어져야 찍을 수 있는 사진인 것이다.

사진을 찍는 순간에도 어려움이 따른다. 북두칠성의 별들은 나뭇가지 사이에서도 모두 제 모습을 드러내고 영롱하게 빛나야 한다. 한 개의 별이라도 나뭇가지에 가리면 안 된다. 다른 조건들이 다 맞았다고 해도, 찍으려는 순간 하나의 별이라도 나뭇가지에 가려지면 그날은 모두 허사다. 다행히 한 별이 가지를 벗어났다고 해도 금세 또 다른 별이 가려진다. 이런 숨바꼭질을 하면서 꼬박 1년이 흐른 끝에 승철은 한겨울의 어느 날 무주 적상산에서 일곱 개의 별들이 참나무 가지 사이로 모두 반짝이는 모습을 잡아낼 수 있었다.

'열정 없는 천재는 없다'

그는 1998년 겨울, 소백산천문대를 그만두었지만, 사실 그전부터 소백산을 내려오고 싶어 했다. 따로 할 일이 있었기 때문이다. 화왕산 정상에 천문대를 세우고, 부모를 모시고 형제들과 가까이 사는 일이었다. 진정한 천문인으로서의 삶을 살아내는 일이었다. 소백산천문대를 내려온 후, 승철은 월간 『과학동아』에 천문 기사를 연재하고, 각종의 천문 강연을 다녔고, 또 남반구에 관측 여행을 했다. 그리고 화왕산천문대의 건설 작업을 본격화했다. 아마 우리나라 전문

가의 손에 찍힌 화려한 남반구의 은하수가 『과학동아』 지면에 소개
된 것은 승철이 천문대를 사직하고 1999년 호주에 가서 찍은 사진
이 처음일 것이다.

천문 관측과 사진에 관한 한 그는 모든 것을 다 잊어버리는 사람
이다. 부인과 함께 갓난아기를 데리고 호주로 관측 여행을 갔을 때
의 일이다. 오페라하우스 근처에서 차를 타기 위해 기다리기로 했
다. 승철은 모든 짐을 들고 있었고, 부인은 아기를 안고 있었다. 승
철은 화장실에 간다며 오페라하우스로 들어갔다. 그런데 화장실에
간 사람이 얼마를 기다려도 오지 않았다. 벌써 날은 어둑해지고 있
었다. 부인은 두려움으로 그를 찾아 나섰다. 그러나 승철을 찾았을
때, 그의 첫마디는 "여보 저 초승달 멋지지 않아?"였다고 한다. 그
는 이역만리에서 초승달의 아름다움을 사진에 담느라고 아내와 아
기마저 잊어버리는 열정과 무모함을 동시에 가진 천체 사진가였던
것이다.

승철의 일 가운데 그의 아내조차 신비롭게 생각하는 것이 있다.
그는 신앙의 하느님께 무모한 기도를 하지만 지금까지 하느님은 그
의 기도를 대부분 들어주셨다는 것이다. 너무나 무모한 부탁이고 기
도였지만, 결과는 늘 승철의 편이었다. 대학시절 다른 학과 교수의
실험실을 동아리방으로 얻어냈던 일이나 화왕산에 천문대를 짓는
일에 아버지의 허락을 받아낸 일들이 따져보면 모두 처음에는 무모
한 기대였다. 그의 아내는 날씨마저도 바꿀 만큼 승철이 하느님에게
투정을 잘 부렸다고 말한다.

남반구의 은하수와 천체들을 촬영하러 간 호주 관측 여행에서의
일화다. 여행 기간은 한정되어 있었지만, 여러 날 날씨가 좋지 않
아서 성공한 사진이 몇 컷 되지 않았다. 기다리다 못한 승철은 길

을 나서기로 했다. 하늘에 가득 덮인 구름을 자동차를 운전하여 벗어나기로 한 것이다. 그는 아기를 안고 아내에게 운전대를 잡게 했다. 그는 구름의 끝을 보며 전화와 인터넷으로 날씨를 검색하면서 구름이 걷힌 땅을 찾았다. 하루 종일 달린 끝에 도달한 곳은 이름도 모르는 어느 낯선 사막지대의 외딴 곳, 그곳의 하늘은 거짓말같이 맑아 있었다. 사람의 힘이 하늘을 움직여버린 것이다.

여름 저녁 전갈자리와 궁수자리 위로 은하수가 펼쳐진다.
(사진: 박승철, 「은하수 피어나는 마을」)

그런 그가 관측 여행의 마지막 날이 되도록 목표로 한 천체 사진들을 다 찍지 못하자 초조해하기 시작했다. 불행하게도 그곳에서도 날씨가 다시 도와주지 않았다. 오늘 밤으로 사진을 찍지 못하면 이번 관측 여행은 절반의 목표도 달성하지 못할 지경이었다. 이때부터 하느님에 대한 승철의 투정은 다시 시작되었다. 그는 안절부절 못하고 계속해서 바깥에 나갔다 숙소에 들어왔다 하며 피가 마르는 표정으로 반쯤 넋이 나가 있었다. "하늘이 열려야 하는데!" 그는 계속해서 같은 말을 되뇌고 있었다. 기도하고, 불안해하고, 들락거리기를 몇 시간. 아내는 그런 승철의 모습이 너무나 안타까웠고 만일 하늘이 열리지 않으면 그에게 무슨 일이라도 일어날 것 같아 너무나 불안하기도 했다. 그리하여 아내는 자신이 하느님이라면 저렇게 간절하게 바라는 사람에게 조금이나마 하늘을 열어주겠노라고 생각할 지경이 되었다. 그 순간 밖에 나갔던 승철이 "하늘이 열렸다!"고 외쳤다. 아내는 이때 승철의 얼굴에서 표현될 수 있는 최대치의 희열을 보았다고 한다.

승철은 그토록 무모한 것들을 하느님께 졸라서 기어코 얻어내는 사람이었다. 그가 일찍 하느님 곁으로 간 것은 이승에서의 운이 없어서가 아니라 사는 동안 너무나 많이 하느님의 힘을 빌렸기 때문이 아닐까. 그는 살아 있는 동안 너무나 집중적으로 그의 열정을 써버렸고, 하느님은 그 열정으로 이룬 능력을 하늘나라의 일에 쓰기 위해 빨리 불러들이신 것이 아닐까. 내가 그만큼 너를 도왔으니 이제 네가 하늘에서 나를 도울 차례라며.

승철의 하느님에 대한 무리한 요구는 천문대 부지를 구입할 때 또다시 나타났다. 처음 화왕산의 천문대 부지는 창녕읍 옥천리에 속하는 것으로 생각되었다. 그래서 그 땅의 주인에게 땅을 팔 것을 부탁

했다. 그러나 답은 싸늘한 것이었다. 이미 그곳에 경북대학교 학생들이 세운 관측소가 낡아가고 관리도 제대로 안 되고 있는 것에 실망하고 있던 마당에 다시 천문대를 짓겠다니 땅 주인은 부정적일 수밖에 없었다. 그는 절대로 땅을 팔 수 없다고 단호히 거절했다. 그러나 한번 화왕산에 천문대를 짓기로 한 승철의 마음도 쉬이 꺾일 것은 아니었다. 그는 여러 차례 땅 주인을 설득했다. 땅 주인은 승철의 집요한 설득에 조금씩 마음이 움직여 부지를 매각하는 것은 어렵지만 장기 임대까지는 허락하기로 하였다. 하지만 임대는 뒷일을 보장할 수 없었다. 나중에 땅 주인과 갈등이 생기면 최악의 상황에는 천문대를 비우고 나가야 할 수도 있기 때문이다. 승철은 또다시 기도를 했다. "제가 저 땅을 살 수 있게 해주십시오." 땅 주인의 완강한 태도로 보아 그런 가망은 거의 없는 것이었지만, 그는 되리라고 믿고 우선 천문대 부지의 측량부터 시작했다. 천문대가 들어갈 곳과 필요한 면적을 정확히 한 다음에 그것이 꼭 필요하다고 말하면 주인의 태도가 조금 더 누그러질지 모르기 때문이었다.

그런데 또 한 번의 기적이 일어났다. 측량을 해본 결과 천문대가 들어가야 할 땅은 현재 임자의 땅이 아니라 다른 사람의 땅으로 드러난 것이다. 원래의 측량은 일제강점기에 이루어진 것으로 경계선의 획정이 잘못되어 있었던 것이다. 승철은 지역사회에서 신망이 두터웠던 아버지와 함께 천문대가 세워졌을 경우에 우포늪과 함께 고장의 이미지를 재고하는 효과가 있을 것이라고 군청을 설득했다. 의외로 군청에서는 긍정적으로 돕겠다는 반응이 나왔고 새로 측량하여 판명 난 땅 주인도 흔쾌히 수락했다. 이렇게 하여 화왕산 정상의 1,900여 평의 천문대 부지를 구입할 수 있었다.

이것은 분명 승철이 하느님을 졸라서 얻어낸 것이었다. 구름이 잔뜩 낀 호주의 밤하늘, 어디에서도 날씨가 갤 것이라는 예보가 없었던 그 밤하늘을 열어주던 하느님과 완강한 땅 주인에게 갖은 호소도 통하지 않던 상황에서 단숨에 땅의 위치를 바꾸어버려 다른 주인을 만나게 했던 일 모두가 처음에는 너무도 무모한 일이었다. 하지만 승철은 오로지 자신이 하고 싶다는 열정으로 기도하고 애원하고 투정했다. 그러자 하느님이 들어줄 수밖에 없었던 것이다.

하지만 천문대의 설계가 진행되고 운영 계획을 세워가던 무렵, 승철은 하느님의 급작스런 호출을 받았다. 베토벤의 음악을 좋아했던 그가 찬바람이 불던 겨울밤 강연을 위해 천문대로 가던 길이 멀리 하늘로 이어져 있었다. 그리고 이제 화왕산에 천문대를 세우는 일은 남겨진 우리의 몫이 되었다.

별이 좋아 하늘의 별이 되다

창녕 읍내를 벗어나 다가가는 화왕산은 먼발치에서 짙은 안개에 싸여 있다. 그가 떠난 자리를 다시 밟는 마음에 뿌리는 비는 종일 부슬거렸다. 산 입구의 안내소에서 약속한 군청 관리인을 만나 정상에 이르는 길에 설치된 철문들의 열쇠를 받았다. 일반인은 정상까지 오로지 걸어서 올라야 하지만, 망원경을 실은 차에 취재를 핑계대고 정상까지 난 도로를 따라 차로 오르도록 허락을 받았다.

화왕산은 불〔火〕 기운이 왕성하다〔旺〕는 이름의 산이니 그 이름에서부터 불의 이미지를 가지고 있다. 일설에는 창녕 지역에 물난리가 너무 잦아서 물 기운을 누르기 위해서 일부러 불 기운을 담은 산 이름을 붙였다고도 한다. 그러나 이 산은 화산 활동으로 만들어진 산

가야시대 때 만들어졌다는 화왕산성. 광해라고는 반딧불이 밖에 없는 입지조건이기에 천체를 관측하기에는 안성맞춤인 구릉이다.

이고 역사시대까지 화산 활동이 계속되었던지 불뫼·큰불뫼 등으로 불리기도 했다. 북쪽 면은 깎아지른 절벽이다. 이것을 아래에서 보면 산에서 강인한 불기운을 느낄 수 있다. 창녕은 또한 6가야의 하나인 비화가야(빛벌가야)의 본거지인데, 여기서도 불의 이미지를 볼 수 있으니 창녕이 불의 고장으로 불린 것은 매우 오래된 모양이다.

화왕산은 우리나라에서 손꼽히는 천문 관측지다. 이미 1960년대 말 국립 천문대를 지을 장소를 물색할 때 국립 천문대 후보지로 선정되었던 곳이기도 하다. 승철은 대학시절 관측 여행 때마다 후배들을 십여 명씩 이끌고 고향 마을을 찾았고 화왕산에 올라 밤새 관측을 해왔기에 천문대 후보지로서의 화왕산의 가치를 잘 알고 있었다. 억새밭과 진달래 군락으로 널리 알려진 정상부의 너른 들판은 천문 관측을 하기에 제격이다.

비가 계속 내려서 계곡의 물이 조금 불어 있다. 산 들머리의 계곡을 유원지로 개발을 하려는지 이곳저곳에 석축을 쌓아 정비를 해두었다. 정상 부근에 거의 다다랐다고 생각될 무렵 갑자기 길가의 수풀이 더욱 우거져 있다. 싸리나무와 억새가 뒤섞여 차창을 때리고 빗줄기 또한 화살처럼 창에 박힌다. 차로 가기에는 조금 좁고 위험한 듯했지만, 정상부 어딘가에 그의 흔적을 찾아가는 우리에게 그가 내민 환영의 인사쯤으로 여기고 계속 전진해나간다. 2백여 미터 정도 숲길을 통과해오자 시야가 확 트인 평지가 나타난다. 이곳이 드라마 「허준」의 촬영지였다는 것을 알려주는 초가집과 설명판이 있다.

수년 전 겨울에 와서 천문대 자리를 확인했다는 승철의 후배 김지현 씨는 계절이 바뀌어 숲이 우거진 여름 산의 모습에 어리둥절해한다. 드라마 촬영지를 지나 조금 더 들어가보기로 한다. 겨우 차 한 대가 갈 수 있는 산길을 따라 들어가니 가면 갈수록 산길은 좁아지고 차도 조금 무서운지 덜거덕거린다. 금방 무너질 듯 위험하게 놓여 있는 돌길을 승철의 손길이 인도하는 듯 여기고 계속 따라 들

화왕산성이 능선을 타고 오르듯, 운무도 산을 타고 오른다.

어간다. 그리고 계속해서 좀 전에 드라마 촬영장에서 차를 세우고 오지 않은 것을 후회했다. 무엇에 홀린 듯 자꾸만 깊이 들어가니 더 이상 오도 가도 못할 막다른 곳이다. 그리고 어떻게 차를 돌려 나와야 할지 난감하고 불안해하던 순간 안개 속에 돌로 만들어진 성문이 보인다. 화왕산성이다. 바위 구석을 이용해 겨우 차를 돌려놓고 산성에 올라가보았다.

이 산성은 가야시대부터 쌓았다고 알려져 있다. 산성 위에서 내려다보니 성(城)의 중앙부에 연못이 있다. 산성에서 필요한 물을 위해서는 연못이나 샘이 있어야 하겠으나, 산꼭대기에 어떻게 샘이 있으며 연못이 가능한지 의아할 따름이었다. 화왕산성은 임진왜란 때 중요한 역할을 한 요새였다. 홍의장군으로 알려진 곽재우(1552~1617)는 이곳에서 왜군을 방어했다. 산성에 접근하여 공격하려 했던 왜군은 여러 차례 싸움을 걸다가 산성을 함락시키는 일이 어렵다는 것을 알고 그대로 퇴각했다고 한다.

길을 되돌아 차를 드라마 촬영장 근처에 세운다. 그리고 걸어서 왼편 언덕으로 올라가니 비로소 경북대학교 학생들이 세운 임시 관측소가 나타난다. 맑은 날이었으면 이 관측소를 이정표삼아 쉽게 찾을 수 있었겠지만, 빗속에 짙은 안개 속이라 10여 미터 앞도 제대로 분간할 수 없다. 관측소는 벽면이 황갈색 페인트칠이 되어 있고, 비를 맞아 축축해진 현판을 제외하고는 비교적 깨끗하게 관리되고 있는 것 같다. 관측소를 돌아서 좀 더 올라가자 이번에는 1989년 경북대학교 아마추어천문회 학생들이 관측소를 세울 때 사고로 잃었던 동료의 추모비가 있다. "그대여 하늘에 별이 되소서." 남겨진 친구들은 먼저 간 친구가 별이 되기를 빌어주고 있었다. 추모비 앞에서 우리의 곁을 먼저 떠나버린 승철도 별이 되었기를 기도한다.

사실 이 경북대학교 학생의 추모비는 승철에게도 남다르게 인식되었던 모양이다. 화왕산 꼭대기에 별을 보는 보금자리를 만들고자 했던 꿈이 승철 자신의 것과 닮아 있었기 때문이다. 젊은 그들은 차도 올라오지 못하는 산정까지 두 시간 넘게 벽돌과 시멘트를 지고 올라가 관측소를 만들었다. 여름날 더위와 등짐에 지친 몸을 식히기 위해 잠시 들어갔던 계곡물에서 젊은 꿈은 말없이 하늘로 올라가버리고 만 것이다. 언젠가 승철은 이 추모비를 보며, 함께 온 아내에게 화왕산이 천문대를 반기지 않는지도 모르겠다고 말한 적이 있었다. 이제 그도 화왕산에 천문대를 세우려다 하늘에 올라갔으니 운명의 반복이란 난해한 것이다.

　　추모비를 지나면서부터는 억새풀 속에 희미하게 사람이 다닌 흔적을 볼 수 있다. 아마도 등산하는 사람들이 밟고 지난 것이리라. 그 길을 따라 가니 바위가 서 있다. 김지현 씨는 이 바위가 천문대의 부지를 나타내는 표시라고 한다. 일대가 승철이 꿈꾸었던 천문대가

고(故) 박승철처럼 이곳에 천체 관측소를 세우고자 했던 경북대학교 아마추어천문회의 학생을 기리는 추모비.

들어설 자리인 것이다. 비는 계속해서 내리고 주위는 안개에 싸여 주변 지형과 먼 곳의 풍경을 보기가 힘들지만 억새풀, 싸리나무, 키작은 소나무와 갈참나무들의 호위 속에 서 있으니 오히려 아늑한 기분이 든다.

승철은 이곳에서 창문으로는 저 아래 사람들의 세상을 보고 열려진 돔을 통해서는 하늘을 보는 꿈을 몇 번이고 되새겼을 것이다. 나는 그에게서 화왕산 정상의 천문대 이야기를 들었을 때, 잔풀이 푸르게 깔린 구릉지에 서 있는 아담한 천문대를 향해 황혼에 등산배낭을 지고 가는 그의 모습을 떠올린 적이 있다. 그리고 그 길에 언젠가 나도 동행하리라 희망했던 적이 있다. 그가 없는 지금 상황은 이렇게 달라져 있다. 그가 꾸었던 꿈을 남겨진 나와 그의 후배가 대신 꾸고, 황혼의 노을이 함께 해야 할 자리에 빗줄기와 안개가 와 있고, 그와 함께 펼쳤어야 할 망원경은 자동차의 트렁크에서 비를 피하고 있다.

고(故) 박승철의 후배이자 아마추어 천문인인 김지현 씨가 키만큼 자란 억새풀 속에 서 있다. 이곳이 승철의 천문대 부지이다.

국내 최대의 자연 늪지인 우
포늪. 한반도가 생성되던 1억
4천만 년 전에서 생겨났다니,
참으로 우주의 시간이 느껴지
는 곳이다.

사실 이곳에 오면서 나는 망원경을 챙겨왔다. 천문대가 설 자리를 찾고서 그곳에서 하늘의 별을 보았을 때 비로소 승철의 꿈이 어떤 것이었는지 마음으로부터 이해할 수 있으리라 생각했기 때문이다. 서울에서 대전 근방을 지나면서부터 내리기 시작한 비는 거의 그치지 않고 종일토록 내렸다. 그리고 이제 해질 무렵 화왕산 정상의 우리에게 망원경을 펴는 일마저 막아서고 있다. 혹시 이것이 우리를 맞는 승철의 의도는 아닐까. 그의 꿈은 어느 하루 우정을 찾아 나선 쉬운 출로에서는 제대로 찾아지지 않을 만큼 깊었다는 것을 알게 하려는 것은 아니었을까. 그리고 몇 번이고 그의 길을 되새기고 그에게 다가가려고 노력할 때 환하게 하늘을 열어주겠노라는 신심 깊은 그의 배려는 아니었을까.

푸르고 푸른 우포늪

승철이 열어주지 않는 하늘의 의미를 읽으며 산을 내려와 귀로에 우포늪을 들렀다. 화왕산 천문대가 완성되면 꼭 한번 들러서 관측도 하고 우포늪도 보고 가라던 그의 웃음 띤 권유가 생각났기 때문이다. 세 개의 면(面)에 걸쳐 있으면서 넓이가 230만 평방미터에 달하는 우포늪. 이만한 넓이의 자연 늪지는 우리나라에서 이곳이 유일하다. 우포늪은 '메기가 하품만 해도 물이 넘친다'는 말이 있을 정도로 창녕 지역이 낙동강 하류의 저지대이기 때문에 만들어질 수 있었다고 한다. 이곳은 늪을 의지해 살아가는 생물들이 계절의 흐름을 따라 바뀌어가므로 단 하루도 같은 모습을 하는 날이 없다고 한다. 사철 어느 때이고 우포늪에 가면 온갖 수생식물과 물고기들, 철새와

텃새들이 저마다의 삶에 분주한 모습을 볼 수 있다. '살아 있는 자연사박물관'이라는 수식어가 헛된 이름이 아니다.

빗속에 전망대에 올라서 연초록의 물풀이 뒤덮고 있는 수면을 훑어보았다. 이름을 알 수 없는 새들이 빗속에서도 먹이를 찾는 일에 바쁘고 곳곳에 수면 위로 목을 드러낸 수초의 잎사귀들이 흔들거린다. 저 멀리 아득한 곳에는 수양버들인 듯 키 큰 나무들이 수면을 탈출하여 산으로 올라간다. 오른편으로는 어느 세월엔가 사람들에 의해 세워졌을 자연의 늪지와 인공의 전답을 가르는 제방이 길게 서 있다. 물이고 풀이고, 나무고 새고, 논이고 산이고, 논둑이고 제방이고 8월의 우포늪에서 보이는 것은 푸르지 않은 것이 아무것도 없다. 이것이 누군가의 절묘한 표현처럼 '녹색의 융단'이리라.

불과 물, 화왕산과 우포늪을 돌아와서도 아직 승철의 꿈과 역사를 찾기 위해 가야 할 곳이 한곳 더 있었다. 별들이 모이고, 별을 좋아하는 사람들이 모여드는 스타파티(http://www.star-party.com)가 그의 이야기를 담고 있다. 그의 부인과 아이는 이곳을 지키면서 여전히 그를 찾는 사람들에게 인사를 하고 있다. 그가 남긴 아름다운 사진들과 진지한 이야기들을 보면서 나 또한 그들 모두에게 인사를 한다. 그리고 밤하늘을 보는 때마다 승철의 이야기를 기억하기로 한다. 그는 여전히 감당할 수 없으리만치 많은 것을 우리에게 남기고 있다.

보름달을 만나다

보름달이 뜨는 날은 별 보기를 잠시 쉬어야 한다. 달 빛이 온통 하늘을 환하게 만들기 때문에 별들이 제 대로 보이지 않기 때문이다. 하지만 달은 초보자를 밤하늘로 유혹하는 가장 친근한 천체이다. 천체 망 원경 없이도 달을 자세히 보면 여러 가지 재미있는 것을 발견할 수 있다.

하루하루 달의 모양이 바뀌는 것은 월령(月齡, 달의 나이)으로 구분한다. 월령에 따라 달 표면 에 밝은 부분과 어두운 부분을 관찰해보는 것은 무척 흥미롭다. 어둡게 보이는 부분이 달의 '바 다'이다. 1969년에 지구인을 태우고 처음으로 달에 갔던 '아폴로11호'는 바로 달의 이 검은 부분인 '고요의 바다'에 착륙했다. 물론 달의 바다에 물이 있는 것은 아니다. 동양에서는 달의 '바다'를 보고 토끼의 모습을 떠올렸지만, 세계의 다른 곳에서는 사람의 얼굴이나, 게의 모습을 상상하기도 했다.

월령 3일의 달: 달이 커지거나 줄어들어 원래의 모양으로 돌아오는 기간을 삭망월이라고 한다. 약 29.53일로 음력 한 달이 여기에 해당한다. 얇고 가느 다란 초승달은 저녁 무렵 서쪽 하늘에 걸린다.

월령 7일의 달: 상현달이다. '위난의 바다'와 '풍요의 바다' '감로주의 바다'가 차례로 보인 다. '고요의 바다'를 지나면서 '맑음의 바다'도 일부가 보인다.

월령 25일의 달: 가느다란 그믐달이다. 두드러지는 지형이 별로 눈에 안 띈다. '폭풍의 대양' 과 '이슬만' 의 가장자리가 살짝 드러난다.

월령 22일의 달: 하현달이다. 고지대의 크레이터들은 일부만 보이고 달의 '바다' 가 드넓게 펼쳐진다. '비의 바다' 와 '폭풍의 대양' 남쪽으로 '습기의 바다' 와 '구름의 바다' 가 놓여 있다.

월령 18일의 달: 보름달을 넘기면서 달의 밝은 부분은 차츰 줄어든다. '위난의 바다' 와 '풍요의 바다' 는 이미 어둠 속에 들어가버렸다.

월령 14일의 달: 달의 크레이터 주위를 뻗어나가는 광조(光照: 빛살이 퍼져 보이는 모습)는 보름달일 때가 가장 볼 만하다. 티코, 코페르니쿠스, 케플러의 광조가 잘 드러난다.

월령 10일의 달: '맑음의 바다' 가 모두 보인다. '코페르니쿠스' 크레이터는 '비의 바다' 와 폭풍의 대양 사이에 있는데 아주 밝아서 금방 눈에 들어온다.

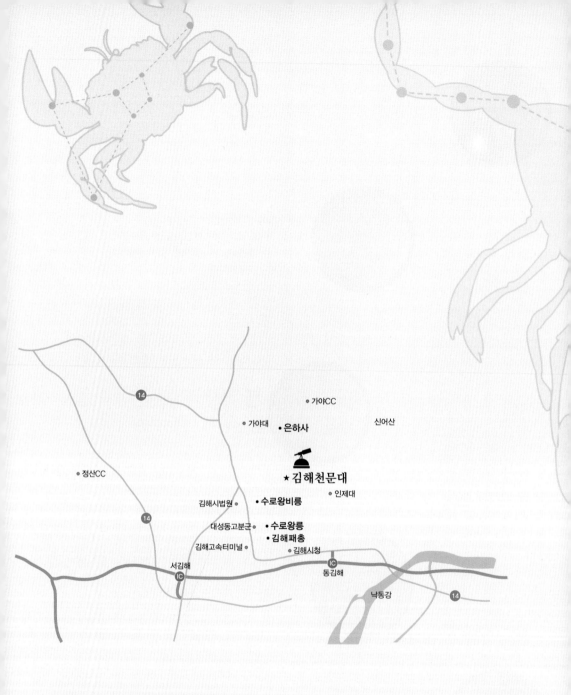

허황후와 물고기자리의 전설

도시 전체가 가야박물관인 김해 | 쌍어문과 물고기자리의 기막힌 조화 | 인도에서 시집온 허황옥 공주 |
시민을 찾아가는 천문대 | 은하수 빛깔의 푸른 재첩국

별 여행 가이드 6: 밤하늘에 숨은 보석, Deep sky object

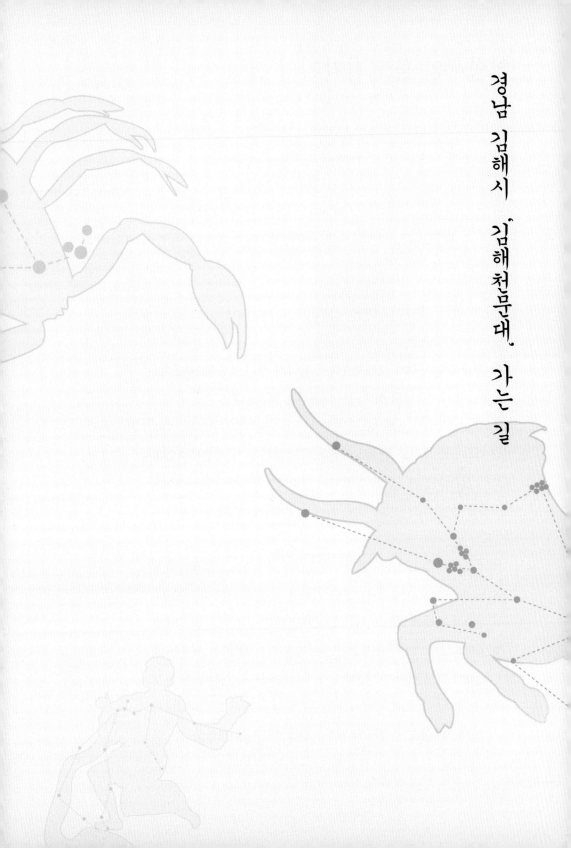

경남 김해시 ' 김해천문대' 가는 길

허황후와 물고기자리의 전설

도시 전체가 가야박물관인 김해

김해 시내에 들어서자 오밀조밀하게 정비가 잘된 보도와 가로수들이, 연전에 해미읍성의 성벽에서 내려다본 해미읍내의 모습과 흡사한 느낌을 주었다. 전체적으로 황갈색인 보도와 가지가 적은, 아직 어린 가로수들 그리고 누군가 마음을 먹고 정비한 듯 난잡하지 않은 점포의 간판들이 외부인을 안내하고 있었다. 중요한 문화유산이자 관광지를 품에 안은 지방의 작은 도시가 전해주는 풍경이 적잖이 정겨웠다.

국사 시간에 선사시대의 유적이라며 그토록 외웠던 '김해패총'은 막상 다가가니 좀 허망했다. 무슨 기이한 구경거리를 기대했는데, 그저 잔디와 잔풀이 덮인 언덕일 뿐이었기 때문이다. 하지만 김해의 주제인 수로왕과 가야국과 연결될 이야기도 없지 않았다. 패총은 옛날 사람들이 먹고 버린 조개껍데기가 지층을 이루고 언덕을 이룬 것이다. 김해패총은 원래 식민지시대 일본인들에 의해 발굴되었다고 한다. 고대 일본인들이 한반도 남부지역에 식민지를 경영했다는 임나일본부설(任那日本府說)을 주장하기 위한 근거를 얻기 위해서였다. 여러 차례 발굴 때마다 돌로 만든 연장, 토기, 철기, 중국 한나라의 화폐 등 다양한 시대의 다양한 유물들이 나왔다. 이것은 김해 지역에 김수로왕의 가야국이 성립하기 이전부터 사람들이 살았고, 중국과 왕래까지 하며 활발한 문화를 영위했다는 증거가 된다.

　김해 역사의 대표는 역시 김수로왕과 그의 부인 허황옥(許黃玉)이다. 김해는 여섯 가야국의 맹주인 금관가야(가락국)의 수도였기에 가락국의 이야기를 간직한 유물과 유적들이 도처에 널려 있다. '도시 전체가 가야박물관'이라는 표현까지 있을 정도다. 수로왕이 기원후 42년에 건설한 가락국은 신라에 병합되기까지 약 500년 동안 독자적인 국가를 유지하고 가야 문화의 정수를 간직했던 곳이다.

　나는 오래전에 국립중앙박물관에서 보았던 가야시대의 철갑옷과 투구를 잊을 수 없다. 서양 중세의 기사들에게서나 상상될 철갑옷이

수로왕비릉에서 구지봉으로 이어진 터널 위에서 바라본 풍경. 가야국의 많은 문화유산을 품은 도시의 모습이다.

2000년 전의 가야인들에 의해 만들어졌다는 사실이 놀라웠다. 그리고 그것으로 무장한 무사의 견고함과 가공스러움이 마치 우리 역사 속의 사람이 아닌 것처럼 너무나 낯설게 느껴졌다. 서양의 철갑 기사는 생각할 수 있지만 가야의 철기병은 생각지 못하는 나 같은 사람 때문에 가야 문화의 정수는 오늘날에도 여전히 드러나지 않고 있는 것이 많으리라.

『삼국유사』의 「가락국기」에 수로왕과 가락국에 대한 이야기가 전해온다. 아직 나라를 만들지 못한 채 부족 연합을 형성하고 있던 김해지역의 아홉 부족장들은 서기 42년 하늘에서 계시의 목소리를 듣는다. "나는 하늘의 명으로 왕이 되기 위해 이곳 구지봉에 왔으니 너희들은 왕을 맞이하는 노래를 부르고 춤을 추어라." "거북아, 거북아, 머리를 내놓아라. 아니 내놓으면 구워서 먹으리." 부족장들이 노래를 부르고 춤을 추며 축제를 벌이니 하늘에서 붉은 보자기에 싼 궤짝이 내려왔다. 거기에는 황금색 알이 여섯 개가 있었다. 12일을 기다리니 알에서 여섯 아이가 태어났다. 그리고 알에서 처음 태어난 아이가 이름을 '수로'라 하고 왕위에 올랐다.

신화학자나 역사학자들은 수로왕 신화는 가야가 토착세력이 아닌 신흥 이주세력에 의해 세워진 나라라는 것을 의미한다고 말한다. 아홉 부족장들이 하늘에서 내려온 새로운 손님을 왕으로 맞았다는 이야기의 얼개에서 유추한 해석이다. 부족장들은 토착세력이고 하늘에서 온 손님은 이주세력이라는 것이다.

그로부터 6년 후, 서기 48년 수로왕은 배필을 맞이한다. 이때도 하늘의 명을 듣고 망산도(지금의 진해로 추정)에 가서 기다리니 배한 척이 붉은 돛과 깃발을 휘날리면서 다가왔다. 배에 있던 여인은 "저는 아유타국의 공주입니다. 성은 허라고 하고 이름은 황옥이며,

수로왕릉. 도시 한복판이라고 하기에는 너무 아늑한 곳에 자리해 있다.

나이는 열여섯 살입니다"라고 자신을 소개했다. 수로왕은 허황옥을 왕비로 맞아들여 아들 열과 딸 둘을 낳았다. 허황옥은 157세까지 살았고, 수로왕은 이듬해 158세를 일기로 부인을 따라갔다. 수로왕이 세상을 떠나자 백성들은 부모를 잃은 듯 슬퍼하며 대궐의 동북쪽에 묘를 썼는데, 이것이 지금의 수로왕릉이라고 한다.

쌍어문과 물고기자리의 기막힌 조화

그물망 모양으로 블록을 깔고 빈 공간들에 잔디를 키워놓아 풀을 밟는 기분이 드는 수로왕릉의 주차장은 느낌이 참 좋다. 차를 세우고 왕릉에 들어서 수로왕릉과 두 마리의 물고기 문양(쌍어문)을 찾으니 친절한 여성 안내원이 정문의 쌍어문(雙魚文)을 가르쳐준다. 중앙의 탑을 양편에서 지키고 있는 물고기가 두 마리다. 나무에 돌을새

김을 해놓았으니 원래 그런 문양이 있었던 것을 알 수 있고, 낡아서 다시 세울 때도 그 문양을 그대로 복원할 수 있었다는 설명이다. 정문 옆의 또 다른 문에도 똑같은 쌍어문이 있다. 그런데 이것은 나무에 그려진 것이다.

물고기 문양을 보니 언젠가 한양대학교 박물관장이었던 김병모 교수의 연구를 따라가며 허왕후의 유래를 밝힌 텔레비전 다큐멘터리가 생각났다. 김 교수는 수로왕릉에서부터 출발하여 쌍어문을 찾는 여정을 시작했고, 드디어 인도의 아요디아(Ayodhya)라는 곳에서 지금도 널리 쓰이고 있는 쌍어문들을 확인했다. 바로 허왕후의 고향이 이곳이라는 주장이었다. 수로왕릉과 허왕후의 무덤을 돌아본 계기로 김 교수의 책『김수로 왕비 허황옥: 쌍어의 비밀』을 다시 찾아보았다. 그는 참으로 어렵고 긴 여정을 통해 쌍어문과 허황옥의 여행길을 복원해놓았다. 그에 따르면, 허황옥은 인도의 아요디아에서 중국의 사천지방을 거쳐 상해지역으로, 그리고 황해를 건너 가락국에 도착했다고 한다. 또한 김 교수는 불교에서의 물고기 문양의

수로왕릉의 정원 가장자리에 배롱나무 꽃이 만개해 있다.

의미와 인도신화를 추적하고, 인도의 아요디아 현지를 답사하여 쌍어문이 수로왕릉의 정문에 새겨지게 된 내력을 밝혀냈다.

원래 인도의 아요디아 지역에서 살던 인도인들은 쌍어를 신성시하는 신앙을 가지고 있었는데, 이 지역에 정치적 혼란이 계속되자 BC 165년쯤 아요디아를 떠나 벵골지방을 거쳐 중국의 사천지역으로 이주하게 되었다. 허황옥은 이주한 인도인의 후손으로 사천지역에서 태어났다. 역사적으로도 당시 사천지역에 살던 지도급 인사들 중에서는 허 씨 성을 가진 사람들이 있었다는 것과 지금도 이 지역에는 허 씨들이 집성촌을 이루며 살고 있다는 것이 확인된다. 허황옥이 죽은 후 얻은 시호는 '보주태후'(普州太后)였는데, 보주는 현재 중국 사천지방이라고 한다. 서기 47년 사천지역에서 군사적 반란이 일어나자 허 씨들 일부가 양자강을 따라 상해지역으로 갔다가 황해를 건너 가락국에 왔는데, 이들이 바로 허황옥의 일족이라는 설명이다.

허황옥은 왕후가 되어 자신의 성을 큰아들과 작은아들에게 물려줬다. 지금 국내 허 씨의 약 50%를 차지하는 김해허씨의 시조는 허황옥의 성을 물려받은 둘째아들이라고 한다. 그 때문에 김수로왕의 자손인 김해김씨와 허황옥의 자손인 김해허씨는 같은 한 뿌리에서 난 사람들이라 서로 혼인을 하지 않는다.

나는 김 교수의 쌍어문에 대한 연구를 따라가다가 김해천문대를 찾기 위해 이곳에 오면서부터 가졌던 생각에 더욱 확신을 갖게 되었다. 김해와 김해천문대는 물고기자리를 상징별자리로 삼는 게 좋겠다는 생각이다. 황도12궁의 하나인 물고기자리는 두 마리의 물고기로 되어 있는데, 그 모습부터 수로왕과 허황후의 상징인 쌍어문과 닮았다. 물고기자리는 보통 그리스·로마 신화에 가탁하여 미의 여신 아프로디테와 아들 에로스가 변신한 물고기라고 설명된다. 모자가 유프라테스 강의 정취를 즐길 때 갑자기 머리가 여섯인 괴물 티폰이 나타났다. 괴물을 피하려고 둘은 물고기로 변해 강에 뛰어들었는데 이것을 별자리로 삼았다는 것이다.

수로왕릉으로 들어갈 수 있는 쌍어문. 왼편과 오른편 문 위에 쌍어의 문양이 그려져 있다.

물고기자리가 처음에 어떤 유래로 황도12궁이 된 것인지, 또는 두 마리의 물고기로 형상화된 것이 언제인지에 대해서는 나는 아직 잘 모른다. 그러나 황도12궁의 하나인 물고기자리의 쌍어와 수로왕릉의 쌍어는 모종의 부인하기 어려운 연관성을 가지고 있는 것 같다. 물고기에 대한 숭배와 쌍어문은 바빌로니아 문화의 뿌리인 메소포타미아의 신화에 연결된다는 것을 김병모 교수가 밝혔기 때문이다. 또한 바빌로니아의 천문학과 점성술은 서양 천문학과 점성술의 뿌리라는 점을 감안하면 이런 짐작은 더욱 힘을 얻는다. 나중에 그리스·로마의 신화와 별자리가 바빌로니아의 그것을 대체하기는 했지만, 황도12궁과 점성술은 바빌로니아의 전통을 꾸준히 유지해왔다.

김병모 교수는 이라크 지역에서 발견된 고대의 쌍어문 조각을 연구하여 쌍어 문양의 기원이 메소포타미아 문화에까지 거슬러 올라간다는 것을 밝혔다. 여기에서 쌍어는 어떤 신을 보호하는 초자연적인 힘을 가진 신어(神漁)들이다. 내가 새로 찾아보니 메소포타미아 신화에서 에아(Ea)는 물의 신이다. 또한 지혜와 마법의 왕이다. 상징은 염소의 머리에 물고기의 몸을 하고 있으며, 주관하는 하늘의 영역은 물고기자리와 물병자리 근처라고 한다. 쌍어, 물의 신, 보호자, 물고기자리. 확신하기는 힘들지만, 한 쌍의 물고기는 메소포타미아 신화를 통해 하늘의 별자리인 물고기자리에 연결될 가능성이 있는 것 같다.

　쌍어는 또한 인도의 불교문화를 통해서도 물고기자리와 연관성을 생각해볼 수 있다. 조선시대에 만들어진 우리나라 전통별자리 그림인 「천상열차분야지도」(天象列次分野之圖)에서는 황도12궁의 물고기자리를 쌍어궁(雙魚宮)이라고 불렀다. 이것은 물론 인도의 천문학이 불교의 전래를 따라 중국대륙과 한반도에 전해져 황도12궁을 부르던 불교식 명칭이 그대로 남아 있기 때문이다. 황도12궁은 인도점성술에서도 인정되었는데, 이것은 인도의 천문학과 바빌로니

쌍어문에 그려진 쌍어 문양.

아 천문학이 서로 접촉한 증거가 된다. 불교에서 언급하는 쌍어와 황도12궁의 쌍어가 연관이 있으리라는 짐작이 가능하다.

일반적으로 물고기는 부처님을 보호하는 동물로 알려져 있다. 인도나 간다라 지역에서 보이는 쌍어문들은 대부분 탑, 꽃, 코끼리를 보호하는 의미를 담고 있다고 한다. 수로왕릉에 있는 두 마리의 물고기는 가운데 탑을 지키고 있는 형국이다. 초자연적인 힘을 가진 보호자로서의 두 마리 물고기. 나는 물고기자리와 쌍어문의 신화적 유래가 동일한지 어떤지의 문제는 앞으로의 연구에 맡겨두고, 물고기자리와 수로왕릉의 쌍어가 형태적으로 닮았다는 것만으로도 김해와 김해천문대의 상징별자리를 물고기자리로 삼으면 좋으리라 생각한다. 서양 점성술에서 물고기자리는 믿음·인내·용서를 상징하는 좋은 의미를 가진 별자리다. 이처럼 좋은 의미를 담은 별자리를 천문대와 도시의 상징으로 삼은들 나쁜 일이 있을 것인가.

사실 수로왕릉은 말 그대로 무덤일 뿐이다. 경주나 공주에서 볼 수 있는 신라나 백제 왕릉처럼 커다란 봉분을 가진 무덤이다. 정문의 문설주가 받치는 도리 위에 있는 쌍어문을 확인하고 왕릉의 봉분을 보고 나서 봉분 뒤로 돌아가 걸었던 오래된 숲이 좋다. 곳곳에 벤치를 만들어두어 아는 사람들은 독서를 하고 휴식을 할 수 있는 참으로 고즈넉한 분위기다. 후원을 한 바퀴 빙 돌아 입구 쪽으로 나오면 작은 연못을 가진 정원이 나오는데, 신우대가 서 있는 담벼락 가까이에 눈여겨볼 것이 하나 있다. 수로왕의 신화에 나오는 여섯 개의 알들이다. 사실 눈에 띄게 표시 내지도 않은 채, 그저 정원을 꾸미는 보통의 석재처럼 놓여 있지만, 이것은 수로왕 탄생 설화를 표현한 조형물로 현대에 만들어진 것이다. 수년 전까지 허황후의 능이 있는 구지봉 정상에 있었지만, 최근 구지봉이 사적으로 지정되면서 현대적인 조형물을 없애는 대신 거북머리 모양의 돌을 세우고 옛 모습으로 복원했다고 한다. 그 때문에 여섯 개의 석재 알들은 이곳 수로왕릉 정원으로 옮겨졌다. 그런 사연을 들려주는 설명문도 없어서 정원을 거니는 사람들은 그저 무심히 지나치고 있다.

수로왕릉에서 먼 산의 봉우리를 보면 은빛으로 빛나는 둥근 건물을 볼 수 있다. 김해천문대다. 수로왕의 탄생 설화에 등장하는 알을

수로왕릉 뒤뜰에 마련된 넓은 휴식 공간. 이곳의 벤치에 앉아서 온종일 책을 읽고 싶어진다.

표현하기 위해 천문대의 건물을 일부러 알 모양으로 만들었다. 현재 전시실로 쓰이고 있는 천문대의 오른쪽 건물이다. 천문대의 돔도 둥근 모양이라 그대로 또 하나의 알이다. 김해천문대는 시내에서 보이는 분성산 정상에 있어서 어디에서나 천문대를 쉽게 볼 수 있다. 영월의 별마로천문대에서도 느낀 것이지만, 시민 천문대는 시민들의 눈에 보이는 곳에 있을 때 시민들에게 널리 인식되고 큰 자부심을 주는 것 같다.

인도에서 시집온 허황옥 공주

수로왕릉에서 1.5km 정도 떨어진 수로왕비릉을 찾았다. 수로왕비릉의 왼쪽에 작은 산이 있는데 이것이 구지봉이다. 구지봉은 수로왕의 탄생 설화에서 거북이 노래를 불렀다는 그곳이다. 원래 구지봉은

수로왕비릉. 인도의 공주가 먼 길을 떠나 가락국에 시집와서 살다가 이곳에 묻혔다. 능의 둘레석에서 그 세월이 느껴진다.

거북이의 머리이고 수로왕비릉이 있는 쪽은 거북이의 몸통이었는데, 일본인들이 거북이의 기운을 죽이기 위해 국도 14번을 내면서 구지봉과 수로왕비릉의 산을 분리시켜버렸다는 이야기가 있다. 최근에는 국도에 터널을 만들고 터널 위로 흙을 메워 산줄기를 다시 이었다고 한다.

능으로 오르는 계단의 중간쯤에 파사각(婆娑閣)이 있는데, 여기에 몇 개의 돌덩어리가 겹쳐진 탑 같지 않은 탑이 있다. 일명 파사석탑이다. 이 탑은 아무런 장식도 하지 않은 채 널찍한 돌을 여섯 개쯤 쌓아놓은 것이다. 돌들은 허황옥이 아유타국에서 직접 가져왔다고 알려져 있다. 돌의 색깔은 불그스름하게 자줏빛이고 재질 또한 우리 나라에서는 흔히 볼 수 없는 특이한 것이라서 아유타국에서 온 것이

허황후가 시집올 때 가져왔다 는 돌로 쌓은 파사석탑.

라는 이야기에 신빙성을 더한다고 한다. 허황후릉의 비문을 자세히 보니 "가락국 수로왕비 보주태후허씨릉"(駕洛國首露 王妃 普州太后許氏陵)이라고 되어 있 다. 조선시대에 만들어졌다는 비석에 '보주태후'라고 분명히 적혀 있었다. 김 병모 교수는 이 보주라는 지명을 근거로 중국의 사천지역을 답사하고 그곳에 허 씨들이 산다는 사실을 밝혀냈다.

허황후릉을 지나 왼쪽으로 능선을 따 라가면 구지봉에 닿는다. 산 모양이 거 북 머리 같다고 하여 구수봉(龜首峰)이 라고도 한다. 이곳에 오르면 첫눈에 산 의 중앙에 거북 머리 모양의 커다란 돌

이 서 있는 것을 볼 수 있다. 이것이 「구지가」(龜旨歌)에서 내놓으라고 했던 '거북이 머리'이다. 가만히 보면 남근석과도 모양이 닮아 「구지가」가 사실 남성을 희롱하는 노래라는 일설도 일리가 있는 것 같다.

최근에 허황옥은 이주 여성들에게, 그리고 호주제 폐지주의자들에게 선구자로 재해석되고 있다. 그리고 김해에서는 허황옥을 기리는 페미니즘 축제가 열리기도 했다. 「구지가」는 여성들의 남성에 대한 성적 희롱의 의미가 있으므로 적극적 여성상을 보여준다는 해석이다. 또한 허황옥은 자신의 성을 큰아들과 작은아들에게 물려주었으니 남성 중심 호주제를 폐지하는 일에 선구자라는 주장도 있다. 열여섯의 나이에 인도 아유타국에서 배를 타고 가야에 결혼하러 왔으니 인도에서 온 이주 여성이라는 해석도 가능하다.

놀라운 것은 김해 고분군에서는 갑옷과 철제 투구로 무장한 세 구의 인골이 한 무덤에서 발견됐는데, 뼈들을 분석해본 결과 20~30

구지봉에 놓여 있는, 웬만한 승용차 크기의 구지봉석.

이곳이 구지봉임을 알려주는 듯 거북이 머리 모양의 바위가 땅속에 몸을 숨기고 머리를 내밀고 있다.

대의 여성으로 밝혀졌다. 가야에 여전사가 있었다고 해석할 수 있는 것이다. 여성계에서는 김해 대성동 고분박물관에서 가락국에 실재하던 여성 무사의 존재를 무시하고 남성 무사의 모습만 복원해놓았다는 점을 들어 우리 사회에 여전한 남성 중심적 사고를 질타하고 있다.

구지봉의 주변을 둘러보니 윗면에 '구지봉석'(龜旨峰石)이라고 쓴 커다란 돌판이 있다. 고인돌의 뚜껑돌인데, 글씨는 명필 한석봉이 쓴 것이라고 한다. 구지봉, 구수봉, 「구지가」, 구지봉석 등 이곳은 온통 거북이와 관련되는 것들뿐이다. 그도 그럴 것이 이곳은 거북이 노래를 불렀다는 설화의 실지(實地)가 아닌가. 나는 우연히 수로왕의 신화에 나오는 「구지가」를 한문으로 기억하고 있다. 한 친구가 고교시절 「구지가」를 외워주면서 뜻을 풀어주었던 것을 지금도 기억하고 있다. 당시 문과생은 '고문'(古文)을, 이과생은 '수학 II'를 따로 배웠기에, 이과생인 나로서는 고문에 나오는 「구지가」를 알지 못했다. 그런데 이 친구는 한시나 한문을 좋아해서 고문에 나오는 이백의 시나 '훈민정음서문'을 원문으로 외워주곤 해서 나는 지금도 꽤 많이 기억한다. 억지로 기억하려고 외운 것보다 남들이 외우는 것을 듣고 있으면 더 잘 기억되는 모양이다. 구지봉에서 「구지가」가 울렸던 일을 생각하니 그 노래를 들려준 옛 친구가 그리워진다.

수로왕비릉을 돌아본 후에 은하사(銀河寺)에도 가보았다. 은하
사는 허황옥의 오빠인 장유화상이 지은 절이라고 하는데, 막상 찾아
보니 작고 예쁜 산사였다. 은하사가 있는 산의 원래 이름은 신어산
(神魚山), 즉 신령한 물고기 산이다. 물고기와 은하, 뭔가 연결이
되는 것 같다. 하늘의 물고기자리와 은하수. 은하수에서 헤엄치는
신어들, 그리고 다시 물고기자리. 내가 자꾸만 물고기자리와 쌍어
문을 연결시키려 해서 그런지 모르겠다. 은하사의 위쪽 산자락에는
영구암(靈龜庵)이 있다. 영구는 '신령스런 거북'이니 김해에 있는
유적들의 이름은 거의 모두 수로왕이나 허황옥과 연결되어 있는 것
을 여기서 또 볼 수 있다. 김해가 가락국의 박물관이라는 말이 실감
난다.

김해천문대 또한 유래를 가락국에 연결시키고 있다. 다른 지방보
다 먼저 김해에 천문대가 서게 된 이유를 묻자, 천문대에서는 고대
국가에서 천문을 관측하는 일이 국가 중대사에 속했다는 것을 상기
시킨다. 신라의 첨성대처럼 가야에서도 천문을 관측하는 첨성대가

허황후의 오빠가 지었다는 은
하사 전경.

있었고, 이곳은 지금도 비비단이라는 이름으로 전해온다고 한다. 김해천문대는 가야 천문대의 후신이라는 자부심이다.

가야는 어엿한 고대국가로서 당연히 천문학의 전통이 있었을 것이다. 그리고 김해천문대는 가야 천문학의 전통을 잇고 있다는 자부심도 인정할 만하다. 이에 덧붙여 나는 허황후가 인도계 도래인이라는 학설로부터 어쩌면 가야의 천문학이 신라나 백제의 천문학과는 조금 다른 특성을 지닐 수도 있었으리라는 상상을 해보았다. 우선 허황후는 황해를 건너 한반도에 왔다. 이들이 항해할 때 필수적으로 천문 지식이 사용되었을 것이니 이들이 도래하여 가야에 인도계의 항해천문학 지식을 전할 수 있지 않았을까 상상해볼 수 있다. 동아시아 천문학사에서 천문 항해술에 대한 역사는 거의 알려져 있지 않지만, 명나라 초기 원양 항해에 나선 정화는 아랍계 귀화인으로 아라비아의 천문 항해술을 이용하여 동아프리카까지 닿았다는 것이 잘 알려져 있다. 고대의 항해에도 천문 지식은 필수적이었다는 점을 생각해보면, 허황옥과 함께 가야에 인도 천문학이 조금은 전해지지 않았을까.

시민을 찾아가는 천문대

김해천문대가 있는 분성산은 김해시를 남쪽으로 싸안고 있다. 또한 시내로부터 등산로가 여럿 나 있어, 운동 삼아 산을 오르고 천문대에 닿는 사람들이 많이 있었다. 산중턱에서 차를 세우고 걸어서 한 600m를 걸어가는데, 꼬불꼬불 포장도로를 걸어서 오르면서 시가지와 주변의 트인 전경을 구경하는 맛이 좋다. 산으로 오르는 고비

마다 계절별 별자리판, 전통 천문 관측기구를 설치해놓았는데, 이 것들을 보면서 가면 지치지도 않고 천문 상식도 늘릴 수 있다. 사계 절 별자리판은 천문대로 오르는 길잡이이자 이정표가 되기도 하는 데, 별들에 다이오드 장치를 해서 밤에 보면 더욱 예쁘게 빛난다고 한다. 또한 조선 태조 때 돌판에 새긴 별자리판인 「천상열차분야지 도」와 1666년 만들었다고 여겨지는 혼천시계를 다섯 배 크기로 복 제한 '혼천의'(渾天儀)가 설치되어 있고, 산의 정상부 관측실 앞에 는 세종시대의 일성정시의(日星定時儀)가 세워져 있다.

큰 바위에 새겨진 '김해천문대'라는 표식이 천문대의 정문이다. 김해천문대는 지방자치단체에서 세운 시민 천문대로 출발했기 때문 에 명칭도 김해시민천문대로 알고 있었는데, 정식 명칭이 김해천문 대라고 한다. 정면에 플라네타륨과 전시관이 있고, 오른편으로 사 무실로 쓰이는 건물, 그리고 왼편에 천문대의 돔과 보조관측 돔이 있다. 처음에는 건물들이 서로 연결되게 설계했으나 산 정상의 등산

해발 371m 분성산 정상에 위치한 김해천문대 전경. (사 진: 김해천문대)

로를 살리기 위해서 분리시켰다고 한다. 교육관의 옥상은 산 정상과 평평하게 되어 있어 그대로 시내와 주변을 조망할 수 있는 전망대가 되었다. 시내가 훤히 보이므로 야경이 멋지지만 천문 관측을 위해서는 아무래도 광해가 클 수밖에 없다. 시민에게 가까이 가자니 좋은 하늘을 포기할 수밖에 없는 시민 천문대의 고민을 이곳에서도 볼 수 있었다.

천문대에서는 김해 시내의 약 3분의 2를 조망할 수 있다고 한다. 그곳에서 수로왕릉, 수로왕비릉, 대성동 고분군 등 유적의 위치를 짐작할 수 있고, 조금 더 동쪽으로 난 등산로를 따라가면 가야시대부터 있었다는 분산성을 한눈에 볼 수 있다. 또한 남쪽의 시내 쪽으로 흘러내리는 사면에는 오밀조밀한 관목들을 볼 수 있는데, 수년 전 산불에 키 큰 나무들이 모두 사라진 때문이라고 한다.

계란형의 전시관은 철골구조로 되어 있는데 내부 공간은 아주 넓어서 다양한 전시물들을 감상할 있다. 또한 3층에는 알 껍질 바깥으

김해천문대 전시실에서 저자가 일식 모의 관측 체험을 하고 있다.

로 돌출한 전망대가 있어서 이곳에서 시내를 더 쉽게 조망할 수 있다. 건물 자체가 산꼭대기의 사면에서 돌출해 있는데다 전망대마저 돌출되어 있어서 그곳에 서면 다리가 후들거릴 지경이다.

김해천문대는 아마 우리나라 천문대 중에서 연간 가장 많은 시민들을 만나는 천문대일 것이다. 이곳에서 밝히고 있는 숫자는 연간 20만 명 정도. 사실 이 사람들 모두가 천문대를 찾아오는 것은 아니다. 일일 방문객으로 환산하면 하루도 쉬지 않고 매일 550여 명씩 체험을 시켜야 하는데, 이는 물리적으로 불가능하다. 이 방문객 숫자는 김해천문대가 시민을 기다리는 천문대가 아니라 시민을 찾아가는 천문대이기 때문에 가능하다는 설명이다. 2002년에 개관한 김해천문대는 개관 초기부터 시민들을 찾아가는 천문대로 운영 방향을 잡았다고 한다. 천문대는 김해시에서 운영비를 100% 지원받기 때문에 김해시와 시민을 위한 천문대가 되어야 한다는 점에 모두가 공감했다. "김해시를 별을 사랑하는 도시로 만들자"는 모토로 시민들의 의식을 바꾸는 방안을 다각도로 마련했다고 한다.

그 중의 한 가지가 바로 '찾아가는 천문대'다. 2003년 1년 동안 김해지역의 모든 초등학교를 방문하여 별자리 설명회와 관측회를 개최하는 것을 목표로 하여 지금까지 100여 회를 돌파했다. 전교생을 대상으로 펼쳐지는 학교 내 이동 천문대가 설치되면 학생들에게는 인기 만점이다. 책이나 TV에서 보았던 망원경으로 천체를 관측하는 경험은 어린아이들에게 아주 특별한 기억을 남긴다. 대부분의 천문대 체험 프로그램에서 가장 인기 있는 관측 대상은 달이다. 달의 분화구를 보는 것만으로 상상하는 우주와 천체의 모습이 실제와 얼마나 다른지 알 수 있다. 망원경을 통해 선명한 분화구의 모습을 보고 거의 날마다 하늘에 보이는 미끈한 달이 실제로는 저렇게 신기한 모양을 하고 있다는 사실을 알게 되면 자연스럽게 우주와 천문학에 대한 흥미가 솟아난다. 당연하게도 관측 체험을 한 많은 초등학생들은 집에 돌아가서 엄마·아빠를 졸라서 김해천문대를 다시 찾아온다.

김해천문대는 2005년부터 시내 각 읍·면·동에 찾아가는 지역별 축제도 열고 있다. 이 별 축제는 천체사진전, 천문학강연회, 공개관측회가 하나로 묶여 있었기 때문에 찾아가는 곳마다 가히 폭발적인 인기를 얻는다는 전언이다. 그러나 관측 행사는 날씨가 좋았을 경우에는 효과가 크지만, 날씨가 흐리면 사진전과 강연회만으로 만족해야 하기 때문에 큰 아쉬움을 남긴다고 한다. 이 때문에 천문대는 날씨가 맑은 날을 골라 게릴라식으로 불시에 시내 아파트 단지를 찾아가는 이동 천문대를 기획했다. 날짜를 미리 잡을 수 없으므로 언제든지 날씨가 맑으면 이동 천문대가 해당 아파트 단지를 방문할 수 있다는 점을 아파트 단지에 사전에 알려놓는다. 그리고 맑은 날 오후에 이동식 망원경 2~3대와 5~6명의 운영 요원으로 아파트 단지를 찾아가 번개 모임을 만든다. 김해천문대에서는 이 행사를 '길거리 관측회'라고 부르는데, 산꼭대기의 천문대가 아파트 단지에 옮겨지고 내 집 앞마당에서 망원경으로 하늘을 보는 것이니 김해천문대가 시민들의 천문대인 것만은 분명해 보인다.

천문대에서는 김해지역 중고교 천문동아리를 지원하는 활동도 하고 있다. 천문동아리가 거의 없었던 김해지역에 벌써 다섯 개 정도의 고교생 천문동아리가 만들어진 것은 김해천문대가 세워지고 난 후의 일이다. 고교생 동아리회원을 교육하고 지원하기 위해 김해천문대는 야간자율학습시간에 고등학교를 찾아가는 이동 천문대를 운영해왔다. 입시 준비에 바쁜 고3을 제외한 1~2학년 학생들 전체

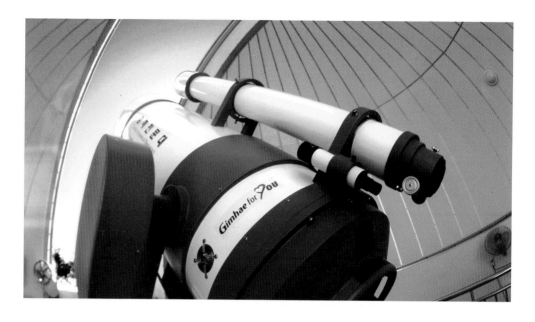

김해천문대 제2관측실에 있는 구경 600mm의 반사식 망원경. (사진: 김해천문대)

가 망원경을 통해 별을 보는 경험을 하고 있다.

김해천문대에서는 미리 학교를 방문하여 각 반별로 천문학과 망원경 조작에 관심이 있는 학생들을 2~3명 정도 선정한다. 그리고 이들을 천문대로 불러들여 천문 상식과 망원경 조작법을 교육한다. 그러면 이들은 초보 아마추어 천문가가 되어 실제 공개관측회에서 자신의 급우들 앞에서 목표 천체를 망원경으로 잡아주고, 간단한 설명을 해주며, 천체가 시야에서 벗어났을 경우 다시 맞춰주는 관측보조요원의 임무를 수행한다. 중요한 것은 이들이 공개관측회에서 자원봉사를 했던 경험은 천문학에 대한 더 깊은 호기심과 봉사에 대한 자부심으로 연결된다는 것이다. 이들은 자연스럽게 관심을 공유하는 천문동아리로 발전하게 된다. 또한 이렇게 성장한 고등학생 아마추어 천문가들은 대학에 가서도 활동을 계속한다. 김해천문대에서 벌이는 이벤트에 아르바이트 운영요원으로 참여하는 이들도 대부분 고교 천문동아리 출신이라고 한다.

김해천문대에는 다른 천문대와 달리 주망원경을 설치한 돔이 두 개 있다. 좌우가 완전히 대칭구조로 되어 있어서 겉으로 보기에도 건물의 모양이 예쁘다. 이 두 개의 돔 사이에 보조관측실이 슬라이딩 돔의 형태로 지붕이 밀려 열리는 구조다. 제1관측실에는 구경 200mm의 굴절망원경이 설치되어 있고, 제2관측실에는 구경 600mm의 반사망원경이 설치되어 있다. 또한 보조관측실에 설치된 망원경 4대는 모두 구경 100mm가 넘는 굴절식 망원경이다.

일반적인 시민 천문대에서와 마찬가지로 탐방객들의 동선은 안내데스크와 전시실을 거쳐 플라네타륨에서의 별자리 교육을 받고 나면 관측실으로 이동하여 주관측실과 보조관측실을 오가면서 천체들을 관측한다. 김해천문대는 시내 조망이 좋은 반면 하늘의 상태는 그리 좋지 못하다. 특히 남쪽 하늘이 시내에서 올라오는 도시 불빛의 영향을 많이 받아서 희미한 천체를 관측하기 위해서는 천체들의 위치에 제약이 많은 것 같았다. 하지만 시민들이 관측하기 좋아하는 달과 행성을 중심 테마로 하여 밝은 천체들을 관측하는 데는 무리가 없다.

가는 날이 장날이라고, 때마침 하늘을 뒤덮은 짙은 구름은 오늘도 나에게 김해천문대에서의 관측은 접어두고 시내에 빛나는 인공의 불빛들에 만족하기를 권유한다. 허황옥이 가야에 올 때 길잡이 삼았을 밤하늘의 별들을 더듬어보고 물고기자리의 영롱한 자취를 확인하고 싶지만 아쉽다. 하지만 은빛의 천문대에서 김해평야의 넓은 들에 펼쳐졌을 가야의 문화를 떠올리며, 쌍어문의 역사와 물고기자리의 전설을 생각해볼 수 있으니 김해천문대의 방문은 꽤나 풍성했다는 생각이다.

은하수 빛깔의 푸른 재첩국

천문대를 내려와서 늦은 저녁으로 횟집을 찾기로 했다. 사람이 많은 집이 맛있다는 속설을 믿고 손님들로 제법 북적거리는 집으로 들어 갔다. 김해는 바다가 가까운 곳이라서 그렇기도 하겠지만, 역시 지 방도시라 그런지 해물을 중심으로 한 상차림은 푸짐했다. 맛있게 먹 고 있으려니 다른 상의 손님들이 저마다 이곳이 경상도 김해라는 사 실을 웅변하고 있었다. 누구 하나 예외 없이 거의 싸우는 듯이 들리 는 화통한 목소리로 따발총처럼 경상도 사투리를 쏘아대니 귀가 먹 먹할 지경이었다. 그들이 친절로 건네는 말조차 주눅이 들 만큼 어 투가 내게는 낯설었다. 그 말투 덕분에 밤늦게까지 이곳이 경상남도 의 바닷가라는 사실을 잊을 수가 없었다.

아침으로 먹은 재첩국도 일품이다. 재첩국물에 부추를 넣었는데 누가 맨 먼저 그런 식으로 먹었는지는 알 수 없지만 참으로 절묘한 궁합인 것 같다. 얼핏 국물이 너무 맑은 것이 별다른 맛이 나지 않을 것 같지만, 한 숟갈 후루룩 들이키면 그 시원함은 어디 비길 데가 없 다. 전에 먹어본 다슬기해장국과 비슷한 맛이 아닐까 하는 생각도 들지만, 시원하기는 아마도 재첩국이 나은 것 같다. 식후에 주변을 둘러보니 여기저기에 재첩국을 파는 식당들이 많이 있다. 우리 일행 이 들어간 곳은 '섬진강재첩국'이라는 상호가 붙은 곳이었는데, 아 마도 김해에서 먹는 재첩국은 대체로 비슷하리라는 생각이다.

서울로 돌아오면서 김해천문대에 대한 아쉬움을 한 가지 적는다. 주차장 근처 입구에는 조선시대의 천문도인 「천상열차분야지도」를 복원해놓았다. 그런데 설명에는 천문학자 박창범 교수의 연구를 인

김해천문대에서 내려다본 김해시 야경 위에 초승달이 떠 있다. (사진: 김해천문대)

용하면서 이 성도가 북위 34도를 기준으로 김해지역에서 관측된 데이터를 바탕으로 하고 있다고 써놓았다. 김해나 가야의 천문학 전통을 역사적 유물에 연결시킬 수 있다면 의미가 있는 일이겠지만, 박 교수의 연구를 이렇게 인용하는 것은 잘못이다. 박 교수는 「천상열차분야지도」의 중심부 별자리는 북위 38도, 주변부 별자리는 북위 40도를 기준으로 관측된 것 같다고 주장했다. 기준 위도가 김해가 아닌 것이다. 박 교수는 다만 「천상열차분야지도」에 그려진 별자리의 남쪽 한계를 언급하면서 북위 34.3도에서 볼 수 있는 별들까지만 그려져 있다고 했는데, 아마도 이것을 오해해서 김해가 「천상열차분야지도」의 관측 기준점이라고 생각한 것 같다. 설명문을 서둘러 고치면 좋겠다.

밤하늘에 숨은 보석, Deep Sky Object

우리 눈의 동공은 어둠 속에 있을 때 그 지름이 약 7mm이다. 사람은 눈이 두 개이니 구경 7mm에 배율이 1인 망원경을 두 개 지닌 셈이다. 천체 망원경은 사람 눈의 동공보다 수백 배, 수천 배 많은 양의 별빛을 받을 수 있다. 그래서 천체 망원경을 통해서 밤하늘을 보면 그곳에는 맨눈에는 전혀 보이지 않는 숨겨진 보석들이 펼쳐져 있다. 희미하게 별을 감싼 성운이 있는가 하면 눈부신 보석 알갱이를 닮은 성단도 있다. 희미한 천체들이 숨어 있는 밤하늘을 딥 스카이(Deep Sky, 깊은 하늘)라고 한다. 먼 하늘에 있기에 이들을 더 선명히 보려면 더 크고 좋은 망원경으로 보아야 한다.

이들을 찾아서 바라보면 밤하늘이 주는 감동은 더욱 깊어진다. 밤하늘에 다가가고 싶은 사람이라면 한번쯤 보아야 할 여섯 곳을 소개한다. 망원경으로 관찰해 보면 다음에 나오는 천체 사진처럼 색감이 뚜렷하지는 않다. 우리 눈은 사진처럼 빛을 축적할 수가 없기 때문이다. 하지만 망원경이 보여주는 생생한 천체의 모습은 사진으로 볼 때와는 다른 매력이 있다.

M13

구상성단 | 헤라클레스자리 | 5.7등급 | 여름

정말 아름다운 성단이다. 수백만 개의 별이 둥글게 모여 있다. 쌍안경으로 보면 조그만 보푸라기나 솜뭉치를 닮았다. 망원경으로는 성단의 가장자리를 여러 갈래로 나눈 별의 무리가 보인다.

NGC869, NG884

이중성단 | 페르세우스자리 | 3.5등급 | 가을

수백 개의 별이 모여 무리를 만든 형제 성단이다. 둘 사이의 거리는 보름달 지름만큼 떨어져 있다. 여러 색깔의 별이 보석처럼 흩뿌려져 있다.

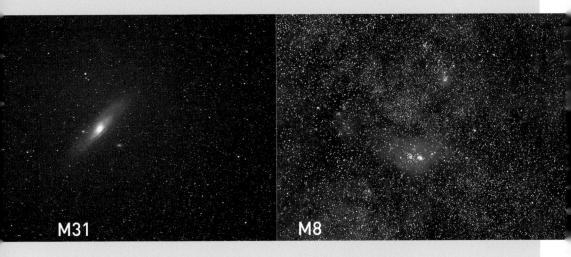

M31

안드로메다은하 | 안드로메다자리 | 3.5등급 | 가을: 우리 은하의 형제로서 이 은하에는 2천억 개가 넘는 별이 모여 있으며 지구에서 230만 광년쯤 떨어져 있다.

M8

석호성운 | 궁수자리 | 6등급 | 여름: 한여름 밤 남쪽 하늘의 은하수에 걸쳐 있는 성운이다. 성운 주위에 모래알 같은 별이 흩뿌려져 있다. 쌍안경이나 망원경으로 보면 밤바다에 떠 있는 빛의 섬 같은 느낌이 든다.

M45

플레이아데스성단 | 황소자리 | 1.2등급 | 겨울: 보면 볼수록 귀여운 별무리이다. 우리나라에서는 이 성단의 별들이 좀스럽게 모여 있다 하여 '좀생이별'로 불렀다. 눈이 좋은 사람은 6~7개의 별을 볼 수 있다.

M42

오리온대성운 | 오리온자리 | 3.7등급 | 겨울: 오리온자리의 가운데 세 별 아래로 뿌옇게 보이는 것이 오리온대성운이다. 별을 휘감아 도는 모양이 마치 날개를 펼친 새처럼 보인다.

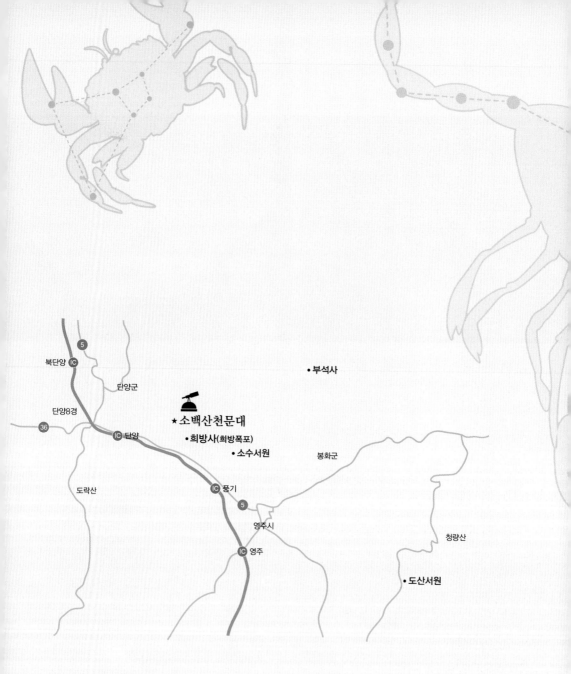

★소백산천문대

북단양 IC
단양군
단양8경
단양 IC
도락산
풍기 IC
영주 IC

• 부석사
• 희방사(희방폭포)
• 소수서원
봉화군
청량산
영주시
• 도산서원

한국 근대 천문학의 살아 있는 전설

그곳엔 별빛들과 대화하는 천문학자들이 산다 | 한국 근대 천문학이 열린 곳 |
소백산에서는 미국 레몬산의 밤하늘이 보인다 | 망원경에 생명을 불어넣는 천문학자들 |
방문자를 위한 세 가지 프로그램 | 소수서원의 모색(暮色)과 부석사의 사랑이야기 |
도산서원의 별자리천구 '혼천의'(渾天儀)
별 여행 가이드 7: 태양계 가늠하기

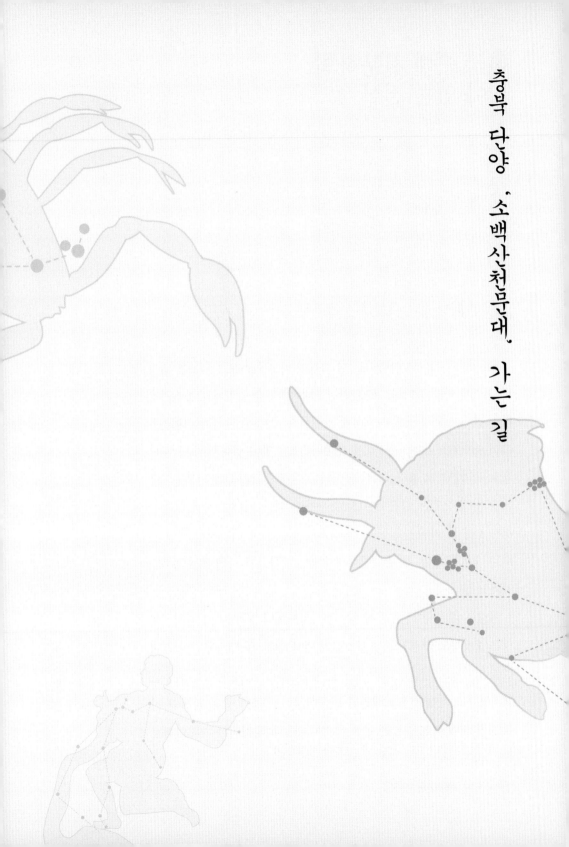

충북 단양, 소백산천문대, 가는 길

한국 근대 천문학의
살아 있는 전설

그곳엔 별빛들과 대화하는 천문학자들이 산다

"사륜구동이 아니면 차라리 저희 직원이 타고 올라오는 지프를 함께 타시는 게 나을 겁니다." 소백산천문대에 9인승 승합차로 올라가겠다는 말에 천문대 직원은 이렇게 조언한다. 그러나 올라가는데 뭐가 그리 어렵겠느냐는, 운전대를 잡은 일행의 말이 있어서 그냥 우리 차로 올라가기로 했다. 그런데 아니나 다를까 죽령휴게소에서 천문대를 향해 오르는 길은 콘크리트 포장이 되어 있다고는 해도 평균 경사 13도의 가파른 길이다. 올라가는 것은 크게 어렵지 않지만 문제는 내려올 때일 것 같았다. 경사에 브레이크가 파열되는 경우도 있다고 한다.

차량용 내비게이션은 "여기는 경상북도입니다" 하더니 다시 "여기는 충청북도입니다"를 혼란스럽게 반복한다. 두 행정구역의 경계선을 넘나드는 산길을 올라가는 것이다. 올라가는 동안에는 좌우를 둘러보아도 산들이 흘러내리며 만들어놓은 계곡과 좁은 들판만 아득할 뿐 눈에 띄는 것들은 온통 길가의 나무와 숲뿐이다. 제2연화봉

소백산 제2연화봉에서 보이
는 소백산천문대 전경. 이곳
이 우리 근대 천문학의 문을
연 곳이다.

정상 부근에 있는 통신 중계소쯤에 오르자 서쪽으로 시야가 확 열린
다. 아마도 충청북도 방향일 것이다. 길을 따라 등성이를 돌아 제2
연화봉 북쪽 사면에 이르니 멋진 천문대가 건너편 산정에 서 있다.
첩첩산중의 산정에 우뚝 선 외로운 천문대. 상상해왔던 모습 그대로
다. 회색 건물에 은빛과 흰색의 돔들, 장중한 아름다움마저 간직한
소백산천문대는 과연 한국 근대 천문학의 상징이 될 만했다.

능선을 따라온 길은 앞으로 계속 내달려 천문대에 닿고, 그곳 앞
마당에서 휘돌다가 제1연화봉으로 뱀처럼 꼬리를 흔들며 나아간다.
멋진 풍경에 반해 연신 카메라 셔터를 눌러댄다. 하지만 사진기의 디
스플레이 화면에 나오는 모습은 눈에 보이는 모습과는 달리 배경이
너무 넓고 천문대는 조그맣게 나와서 실망스럽다. 제2연화봉에서 본
천문대는 전체적으로 앞뒤로 놓인 두 개의 건물로 이루어져 있다. 뒤
쪽 건물에도 돔이 보이지만, 가장 눈에 띄는 것은 첫눈에도 신라의
첨성대에서 착안했을 것으로 생각되는 앞쪽 건물이다. 둥근 기둥의

첨성대 위에 올라앉은 하얀 돔이 오후의 태양을 반사하고 있다.

소백산천문대는 1972년에 제2연화봉과 제1연화봉의 중간쯤에 있는 작은 봉우리 근처(삿갓봉으로도 불림)에 세우기로 결정되었다. 진입로는 현재 통신 중계소의 위치에서부터 접근해 들어가야 했으므로 북쪽 사면으로 길을 낼 수밖에 없었다고 한다. 천문대의 진입로는 겨울에도 눈이 잘 녹아서 길이 열리도록 남쪽을 향하게 설계되는 것이 원칙이지만 당시의 예산으로는 새 길을 낼 수가 없어서 통신 중계소에서부터 연결 도로를 내다보니 북쪽 사면으로 길이 났다. 그래서 소백산천문대는 겨울철에 눈이 왔을 때 여러 날 길이 막히는 어려움이 있었다.

이 북쪽 사면으로 난 길로 차를 굴려 내려가다가 언덕을 조금 오르니 천문대에 이른다. 가까이 가니 천문대는 세 개의 건물로 이루

소백산천문대 주관측실 돔이
밤이 오길 기다리고 있다.

어져 있다. 제1연화봉 쪽으로 맨 위쪽이 천문대 본관이다. 빨간 지붕의 2층 건물이 좌우에서 은색 돔의 호위를 받고 있다. 남쪽 돔에는 세종대학교에서 망원경을 위탁하여 지금 설치 단계에 있고, 북쪽 돔에는 우리나라 근대 천문학의 역사를 고스란히 간직한 구경 61cm 망원경이 있다. 이 건물의 아래쪽으로 하얀색의 낡은 건물이 네모나게 서 있는데 지금은 비어 있다. 먼 곳에서 천문대의 멋진 모습을 연출해주었던 첨성대 모양의 돔은 원래부터 첨성대를 염두에 두고 만들었다고 한다. 의도가 있었던 것이다. 이 건물은 앞서 말한 네모난 부속 건물과 함께 첨성관이라는 이름으로 불린다. 돔에는 원래 구경 20cm 태양망원경이 있었지만 지금은 옮겨져서 비어 있다. 건물이 낡아서 흉하다고 철거하자는 의견도 있는 모양인데, 나는 절대 그러지 않았으면 한다. 소백산천문대에 예전부터 있었고 지금도 있는 모든 것들은 우리나라 근대 천문학의 역사이기 때문이다.

천문대 본관 1층의 창고에서 낡은 기기들이 먼지를 맞고 쌓여 있는 것을 보았다. 이제 아무도 쓰지 않고 쓸 수도 없는 구형의 측광기나 컴퓨터 주변기기들, 그리고 전기장치들이다. 안내를 해주었던 성언창 박사는 그것들이 비록 초라하고 보잘것없지만 한국 천문학의 역사를 간직하고 있다고 힘주어 말했다. 언젠가는 박물관에 들어가 우리나라의 모든 국민들에게 역사를 증언할 주인공들이다. 첨단 전자기기 시대에 낡은 기기들은 더 이상 효율적이지 못하다. 하지만 하찮은 기계라도 그것이 어떤 이야기를 간직하고 있느냐에 따라 의미는 완전히 달라진다. 이제 아무도 쓰지 않는 구형 프린터에게도 천문대에서 생산해낸 최초의 논문을 인쇄한 영광이 있고, 작은 다이오드 하나가 육중한 망원경을 구동시키는 전기장치를 살아나게 한 구세주일 수 있는 것이다. 천문대 앞 잔디 언덕에 피어 있는 민들레처럼 이곳 사람들과 함께한 이야기와 역사가 있는 존재들을 함부로 버리면 안 된다고 나는 생각한다.

본관 앞마당에 있는 앙증맞은 하얀 돔을 뒤로 돌아 잔디 언덕에 올라보니 천문대는 해발 1,394m의 제1연화봉 정상부에서부터 조금 내려온 곳에 세워져 있다. 국립공원의 경관을 해치지 않으면서도 시계가 좋은 곳을 선택하려는 목적에서였다. 이 때문에 제1연화봉 정상부에서 천문대 쪽을 보면 천문대의 모습이 잘 보이고 풍경도 멋져 한 폭의 그림을 보는 것 같다. 천문대를 지나 제1연화봉, 최정상인 비로봉까지 등산로가 이어져 있어 산책삼아 제1연화봉까지 걷는 맛도 일품이다.

1992년에 나는 희방사와 희방폭포 쪽의 등산로를 따라 소백산 비로봉을 등산한 적이 있었는데, 그때 제1연화봉 쪽에서 아래쪽으로 천문대를 보았던 기억이 있다. 어느 쪽에서 보나 산꼭대기에 서 있

해발 1,394m의 소백산 제1연화봉 정상부에서 계절이 서서히 가을의 옷으로 갈아입고 있다.

는 천문대의 돔은 멋진 상상을 불러일으킨다. 우주를 바라보면서 먼 과거에 떠나왔을 별빛들과 대화하는 산정의 천문학자들이 그려진다. 그들이 생각하는 우주와 자연은 우리가 아는 것과 얼마나 다를까. 사실상 등산객들이 지나가는 낮에 천문대 사람들은 잠들어 있는 일이 많지만, 지나는 사람들은 천문대를 보며 저마다 별들이 총총한 밤하늘을 대하는 외로운 천문학자들을 떠올린다. 그들은 자신이 가보지 못한 외국 여행의 경험을 들려주는 친구처럼 비밀스런 우주의 모습을 보았을 천문학자들을 동경한다. 산정에 올라와 천문대를 배경으로 사진을 찍는 등산객들은 그런 동경을 부인하지 않는다.

한국 근대 천문학이 열린 곳

소백산천문대는 한국 근대 천문학의 역사에서 가장 소중하게 기억해야 할 곳이다. 소백산천문대는 우리나라 천문학 연구의 중심 기관인 한국천문연구원에 소속되어 있다. 이곳에서는 우리나라 천문학의 역사에 대해 신라시대의 첨성대, 고려시대의 서운관, 조선시대의 관상감 등 천문 연구기관을 언급하고 소백산천문대가 국립 천문대의 전통을 이었다고 말한다. 지금은 보현산천문대에 국가의 중추적 천문대 역할을 넘겨주었지만, 한국에는 소백산천문대가 세워지기 전까지 국립 천문대가 없었다. 또한 근대 천문학은 모름지기 망원경을 사용한 천문학이었지만, 소백산천문대에 구경 61cm 반사 망원경이 설치되기 전까지 우리나라에는 연구용 망원경이 없었다. 그런 점에서 소백산천문대는 한국 근대 천문학이 실제적으로 출발한 곳이다. 국내에 연구용 망원경이 전혀 없던 천문학의 불모지에서 최초로 국립 천문 연구기관이 서고, 천문대가 만들어지고, 망원경이 설치되었으며, 그 망원경으로 연구를 지속하고 있는 것이다.

1957년 옛 소련에서 발사한 최초의 인공위성 스푸트니크는 우리나라 근대 천문학에도 자극제가 되었다. 이 충격으로 한국은 천문학의 중요성을 인식하게 되었고, 부랴부랴 1958년 서울대학교에 천문기상학과를 설치하고 학생들을 모집하여, 처음으로 천문학 전문가를 길러내게 되었다. 하지만 스푸트니크는 지구 궤도를 여러 번 돌며 인공위성의 시대를 열었지만, 우리나라의 천문학은 이후로도 한참 동안이나 역사를 만들지 못했다. 1965년 한국천문학회가 창립되었다. 학회가 세워졌다는 것은 이때부터 천문학이 학문 공동체를 만들 수 있을 만한 최소한의 학자군을 확보했다는 것을 의미한다. 그러나 국내에서 학술적 연구를 수행할 수 있는 여건은 여전히 되어 있지 않았다. 학회 창립으로부터 2년 후인 1967년에야 한국천문학회는 국립 천문대 설립을 정부에 건의할 수 있었다. 그만큼 경제적으로 어려웠던 시절이라 '별만 보는' 천문학에 대한 사회적인 관심과 배려는 기대하기 어려웠다. 그리고 1968년부터 국립 천문대 설립을 위한 활동이 시작되었다. 각지에 천문대 후보지를 선정하고 기상 관측과 예비 관측을 실시했다. 하지만 정부로부터는 망원경 구입을 위한 예산이 확보되지 못했다. 1972년 드디어 경제 개발 계획 중 특별히 4천만 원의 예산이 지원되었다. 그리고 1974년 9월에 정식으로 국가적 천문 연구기관인 '국립 천문대'가 발족되고, 그해 말에 구경 61cm 반사망원경이 소백산천문대에 설치되었다. 해방 후 29년, 서울대학교 천문기상학과 설치 후 16년 만의 일이다.

하지만 천문대가 세워지고 망원경이 설치되었다고 해서 곧바로 관측이 가능한 것은 아니다. 제작회사에서 만들어진 망원경은 각 부

애초에 첨성대를 모델로 하여 만들어진 첨성관 전경. 이제는 사용하지 않아 건물에는 세월의 때가 묻어 있지만, 이 첨성관이야말로 우리나라 근대 천문학의 역사를 상징해주고 있다.

분들을 해체하여 천문대로 옮겨 다시 조립하여 설치된다. 이 때문에 돔에 설치된 망원경은 설계된 대로, 혹은 공장에서 완성된 대로가 아니다. 각 부품들은 서로 조화되지 않기 일쑤고 수시로 오작동이 발생한다. 천문대에서는 상당한 기간 동안 망원경을 시험하면서 이런 문제점들을 모두 점검한 끝에 정식으로 제대로 작동하는 망원경을 세상에 내보내는 의식을 치른다. 바로 '퍼스트 라이트'(First Light)다. 주망원경으로 이루어지는 첫 번째 관측, 즉 '첫 빛 받기'인 셈이다. 소백산천문대는 1975년 12월 27일 자정에 오리온 대성운을 첫 빛 받기의 대상으로 정했다. 그리고 30분 노출로 우리나라 근대 천문학사에 길이 남을 천체 사진을 촬영했다. 실로 해방 후 30년 만에 우리 땅에서 우주의 빛이 국립 천문대의 주망원경을 통과해 들어와 상(像)을 만들어낸 것이다. 이 사진은 1976년 1월 1일자 일간지에 실려 새해부터 한국 천문학이 새로운 시대로 진입한다는 것을 알렸다.

천문대의 기능은 천체 관측에 있으니, 천문대의 역사는 관측의 역사라고 할 수 있다. 그리고 관측의 역사를 만드는 사료는 관측일지다. 관측을 하는 사람들은 모두가 당일의 관측일지를 작성해 천문대에 보관해야 한다. 그날의 기상 상태, 관측기기의 상태, 점검 사항, 사용한 기구, 관측한 내용들을 기록한다. 나는 천문대 2층의 관측실에서 1978년부터 방문 전날까지 모아진 관측일지를 보았다. 가슴이 뭉클해진다. 물론 외국의 유서 깊은 천문대는 4～5백 년이 넘는 기간에 모아진 관측일지가 있어서 방문자들을 압도한다. 소백산천문대에는 이제 겨우 30년 치의 관측일지가 있을 뿐이다. 그러나 나는 이것을 자랑스럽게 생각한다. 이것은 우리 근대 천문학의 살아 있는 역사이기 때문이다.

우리에게도 조선시대에는 '성변측후단자'(星變測候單子)나 '천변등록'(天變謄錄) 같은 관측일지가 있었다. 하지만 언제부터인지 그런 전통은 끊어졌고, 지금 소백산에 모아진 30년 치 관측일지는 적지만 분명하게도 한동안 끊어져버린 국립 천문 연구기관의 관측

소백산천문대에서 지난 30년
동안 천체를 관측한 역사를
담고 있는 관측일지.

일지 전통을 잇고 있는 것이다. 지금까지 소백산천문대에 남아 있는
최초의 관측일지는 1978년 12월 7일 목요일에 작성된 것이다. 일
지에는 관측자 강용희와 이용복이 옵셋가이더와 RCA 1P21 콜드
박스를 수리하고 UBV 필터를 점검했다고 되어 있다.

나는 지난 1980년대에 천문학과의 교수님들이나 선배들에게서
들었던, 반쯤은 낭만이지만 나머지 반쯤은 자괴가 섞인 소백산천문
대에서의 관측 경험을 기억한다. 모두의 첫 기억은 망원경의 광전증
배관을 냉각시킬 드라이아이스를 짊어지고 천문대까지 등산을 했던
일이다. 덧붙여 라면 혹은 소주. 지금 듣기에는 전설 같은 이야기
다. 차로 올라도 힘이 부치는 길을 무거운 드라이아이스를 짊어지고
기어오르는 천문대행이라면 이것은 차라리 나와 자연 혹은 삶과 과
학의 의미를 통찰하는 오체투지의 수행 길과 비슷했을 것 같다. 하
지만 지금 보니 그들이 등에 져 올렸던 것은 차가운 드라이아이스가
아니라 사실상 우리나라 근대 천문학의 뜨거운 역사였던 것을 알겠
다. 그들이 짊어졌던 30년의 고난이 오늘에 이르러 새로운 소행성
을 촬영하고, 변광성이론을 수정하며, 외계 행성을 발견하고, 새로
운 우주론을 쓰는 현대 한국 천문학의 전통과 수준을 만들어낸 것이

기 때문이다.

소백산에서는 미국 레몬산의 밤하늘이 보인다

천문대 본관 2층의 주관측실에서 그야말로 고색이 창연한 구경 61cm의 주망원경을 보았다. 스위치를 넣자, 육중한 몸체의 망원경이 주경 뒤에 제 몸의 5분의 1은 족히 될 측광 장치들을 달고서 힘차게 돌아간다. 이 망원경이 우리나라 천문학이 자생력을 갖추도록 하는데 제1주인공이었다는 것을 생각하니 대견해 보인다. 재미있는 것은, 소백산의 망원경은 아직도 왕성하게 활동하는 살아 있는 기기이지만, 외국에서는 같은 수준의 망원경 중 현재 제구실을 하는 망원경이 거의 없다는 사실이다. 망원경이 낡아서가 아니라 이 정도 구경의 망원경은 너무나 작고 쓸모가 없는 것으로 치부되어 아무도 사용하지 않으려 하기 때문이다. 그러나 힘차게 경통이 돌아가는 모습으로 알 수 있듯이 소백산 망원경은 현재도 혈기왕성한 청년이다. 망원경은 아직도 1년에 SCI급 세계 유수 학술지에 실리는 5~6편의 논문을 생산하고 국내 전문잡지에 실리는 논문까지 약 15~16편의 논문을 생산하고 있다. 동급의 망원경으로 세계 최강이라고 해도 과언이 아니다.

특히 소백산 망원경이 세계무대에서 힘을 쓰는 분야는 변광성 연구다. 변광성 연구는 우리나라 근대 천문학 연구의 역사에서 매우 중요하고 특징적인 것이다. 우리나라 최초의 이학박사이자 천문학자였던 이원철 박사는 1926년 미국에서 변광성 연구로 박사학위를 받았다. 그의 연구 대상은 독수리자리 에타별이었는데, 이것이 해방 후에 이원철 박사가 최초로 발견한 별로 잘못 알려지기도 했다. 나도 대학 1학년 때 이 별을 '원철스타'라고 부른다는 말을 들었던 기억이 있다. 이원철 박사의 연구 전통이 이어진 것인지는 몰라도 우리나라 초기 근대 천문학 연구는 소백산 망원경을 중심으로 한 변광성 연구가 주류를 이루었다.

외국에서는 소백산 망원경을 통해 이루어지는 변광성 연구를 '한국식 연구'로 인정하고 있다. 세계 천문학계는 한국에서 변광성 분야에서 오랫동안 집중된 연구가 이루어져왔다는 사실을 인정하고, 변광성 연구를 한국의 특장 분야로 인정한다고 한다. 현재 소백산천문대를 이끌고 있는 김승리 박사는 국내에서 공부하고 국내에서 성장한 토종 박사이지만 변광성 연구의 세계적인 전문가로 통한다. 그의 연구는 거의 대부분 소백산 망원경으로 이뤄왔다는 점에서 한국의 작은 망원경이 얼마나 질 좋은 연구 성과를 낼 수 있는지를 보여주는 대표적인 예라고 할 수 있다.

소백산 망원경에게는 사실 잘 알려져 있지 않은 쌍둥이 동생이 있다. 그는 2003년부터 활동을 시작한 미국 애리조나 레몬산 정상에

미국 애리조나 레몬산 정상에 있는 레몬산 망원경에서 보내온 천체 자료를 소백산천문대의 성언창 박사가 모니터를 보며 설명해주고 있다. 레몬산 망원경은 한국에서 인터넷으로 원격 조정하고 있다.

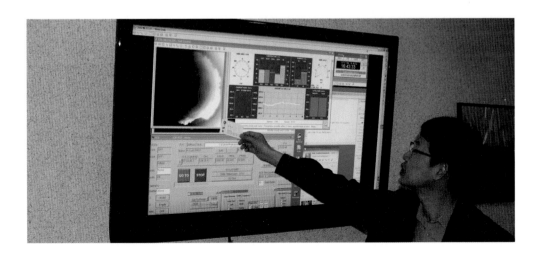

있는 레몬산 망원경이다. 소백산 망원경이 최근 만들어내는 성과는 사실 레몬산 망원경의 도움이 있기에 가능하다. 이 망원경은 레몬산에 홀로 외로이 서 있다. 레몬산천문대에는 한국인이 한 명도 없는 것이다. 이 망원경은 한국에서 내리는 명령에 따라 제어된다. 원격 조정 망원경인 것이다. 대덕의 천문연구원 연구실에서 인터넷을 통해 컨트롤하면 망원경이 있는 돔이 열리고 망원경은 목표 천체로 고개를 돌려 천체를 관측한다. 관측된 데이터는 곧바로 대덕 천문연구원 연구실의 컴퓨터 화면에 전송되고 이것은 다시 소백산천문대에도 전해진다. 우리나라와 미국은 밤낮이 반대다. 그러므로 소백산 망원경이 쉬는 때에는 같은 대상을 계속해서 레몬산 망원경이 관측할 수 있다. 이것이 두 대의 쌍둥이 망원경이 효과를 극대화하는 원리다.

소백산천문대의 방문자센터에서는 레몬산천문대 망원경이 혼자서 별을 관측해서 보내주는 데이터와 기상 상황, 망원경의 상태 등이 나타나는 커다란 화면을 볼 수 있다. 또한 망원경이 위치한 애리조나의 레몬산 정상부도 함께 볼 수 있다. 여기에는 세계 각국의 천

미국 애리조나 레몬산 정상에 있는 레몬산 망원경 돔. (사진: 소백산천문대)

문대가 모여 있는데, 이들 세계적 망원경들의 틈바구니에 우리나라 망원경이 원격조정으로 코치를 받으며 외롭게 경쟁하고 있는 모습을 보니 국가대표 선수를 응원하는 애국심마저 솟아날 지경이다.

사람들은 구경 61cm급의 망원경이 우리나라 대표 망원경이라는 사실을 알고, 왜 우리나라에는 구경 5m, 10m급의 대형 망원경이 없느냐고 묻는다. 사실은 한국과 같은 계절풍 기후대에 속한 지역에서는 소백산 망원경보다 큰 망원경이 효율적이지 못하다. 더 큰

미국 애리조나 레몬산 망원경. 한국에서 원격 조정되는 망원경이라 여러 갈래의 전선이 망원경에 부착돼 있다. (사진: 소백산천문대)

망원경이 있다고 해도 특별한 목적이 아니라면 제대로 된 성능을 발휘하기 힘든 것이다. 망원경이 크면 관측에 유리한 것이기는 하지만, 이것은 그 망원경이 놓인 곳의 기상 조건을 전혀 고려하지 않을 때의 이야기다. 국내의 기상 조건에서 소백산 망원경이나 보현산천문대의 구경 1.8m 망원경보다 더 큰 망원경은 그 쓸모가 크지 않다. 우리나라의 기후에서는 우기(몬순)에 해당하는 6, 7, 8월에는 연구를 위한 천문 관측은 거의 불가능하다. 습도가 높고 대기 상태가 불안정해서 데이터가 제대로 나오지 않을 뿐만 아니라 데이터가 나온다고 하더라도 믿을 수가 없다. 소백산의 경우 여름철을 제외하고 1년간 관측 가능 일수가 170~190일이다. 그러니 1년 중 절반이나 관측을 하지 못하고 망원경을 놀려야 한다. 결국 1억 원짜리

망원경을 설치하더라도 5천만 원어치만 쓸 수 있는 셈이다. 그래서 세계적으로 몬순이 있는 지역에는 대구경의 망원경이 거의 없다.

　망원경의 효율이 좋으려면 망원경의 크기가 일차적이지만, 더욱 중요한 것은 시상(seeing)이다. 우리나라의 평균 시상은 약 1.8초 정도다. 이는 두 별이 1.8초 이상 떨어져 있어야 서로 구별되어 보인다는 뜻이다. 그런데 외국의 좋은 관측지에서의 평균 시상은 약 0.8~1초다. 이것은 결국 우리나라보다 두 배 이상 좋은 시상을 얻을 수 있다는 뜻이며, 나아가 다섯 배나 어두운 별도 볼 수 있다는 뜻이다. 하와이나 칠레의 고산지대처럼 기상 조건이 좋은 곳에 놓인 동일한 성능의 망원경은 우리나라에 있을 때보다 관측 효율이 약 열 배나 높아진다. 그렇기 때문에 우리나라는 국내에 더 큰 망원경을 설치하는 것보다 국내에서 최대한 효율적인 망원경을 갖는 것이 중요하다. 그 점에서 소백산천문대와 보현산천문대의 망원경은 우리나라에서 가장 적절한 크기라는 것이 천문학자들의 공통된 의견이다. 소백산 망원경과 비슷한 성능의 망원경을 미국 레몬산에 설치하여 효율을 극대화한 것도 우리나라의 기후 조건에 적응한 최적의 선택이라고 한다.

　소백산 망원경은 30여 년이나 살아오면서 진화를 거듭해왔다. 망원경의 반사경은 설치 당시 그대로이지만, 관측 데이터를 처리하는 장치에서는 엄청난 변화가 있었다. 초기 드라이아이스로 냉각하여 사용되던 광전증배관은 이후 액체질소를 냉각제로 하여 영하 111°C로 냉각되는 CCD로 진화했다. 또한 모든 것이 아날로그 방식인 30년 전의 망원경은 요령 있는 전문가를 만나면서 컴퓨터로 제어되는 측광관측용시스템(DIPHO)으로 진화했다. 지금은 망원경 본체는 아날로그 방식으로 구동되고, 데이터를 받는 CCD 부위는 완전히 전자적으로 제어되는, 아날로그와 디지털 시스템이 결합되어 있다. 거의 세계에서는 유일한 우리식 천문학 연구의 역사를 보여주고 있는 셈이다. 소백산 망원경을 보았을 때 느껴지던 육중한 몸매와 고색창연함이 바로 이런 한국식 천문학의 역사였던 것이다.

망원경에 생명을 불어넣는 천문학자들

나는 소백산 망원경에 붙은 부가장치나 전자제어 소프트웨어들이 모두 천문대 연구원들의 개인적인 노력으로 개발되고 운용되어왔다는 이야기를 들으면서 현재 대학이나 민간 천문대에 도입되고 있는 망원경들의 앞날이 불안해졌다. 소백산천문대나 보현산천문대의 예에서 보듯이 망원경은 도입되어 설치되는 것으로 끝나는 게 아니다. 소백산에서 만난 성언창 박사는 망원경이 새로 도입되는 상황을 임신과 비유했다. 어떤 대학의 천문대에 60cm 망원경이 도입, 설치되었다고 하자. 그러면 이것은 겨우 아기를 임신한 상태일 뿐이라는 것이다. 이 망원경을 통해 수준 있는 연구 성과가 나왔을 때 비로소 아기가 태어났다고 할 수 있다는 것이다. 그런데 이렇듯 임신한 상태에서 아기를 낳기까지의 길이 얼마나 어려운지에 대해서 우리나라에서는 잘 인식되어 있지 않다고 한다. 망원경을 도입하고 설치하면 그것으로 모든 연구가 다 이루어질 수 있는 것처럼 생각되고 있는 것이다.

　망원경은 설치되고 나서도 그것이 제대로 작동되기 위해서는 수많은 시행착오를 거쳐야 한다. 처음 제작된 망원경은 그야말로 실험실 조건에서 광학적·전자적 원리만 갖추어 부품을 짜 맞춘 기계에

불과하다. 이 기계가 생명력을 갖기 위해서는 이를 이용하고 운용하는 사람의 손길과 맞지 않으면 안 된다. 수시로 작동을 멈추고 사소한 에러들이 발생하는 상황에서 이것을 완전히 컨트롤하고 망원경의 기능을 확보해줄 전문가가 없다면 망원경은 그저 고철덩어리에 불과하다. 또한 어떤 연구를 위한다면 망원경에 그 연구에 적합한 부가적 장비들을 설치해야 하고 그런 목적을 위한 기능이 원활하게 발휘되어야 한다. 모든 망원경이 모든 연구를 다 수행할 수 있는 것이 아니기 때문이다. 변광성 연구라면 변광성 연구의 특성에 맞게, 또한 측광을 통한 변광성 연구라면 그것을 위한 기능을 최대한 발휘할 수 있는 조건으로 망원경을 길들여주어야 하는 것이다. 그렇기 때문에 하나의 연구용 망원경이 제대로 기능하기 위해서는 이를 관리하고 운용할 2~3명의 석사급 이상의 전문 인력이 필수적으로 필요하다. 하지만 우리나라에 도입된 연구용 망원경 중에서 이런 전문 인력이 붙어 있는 망원경은 소백산천문대와 보현산천문대를 제외하고는 거의 없다.

지금 소백산천문대의 좌측 돔에 설치되고 있는 망원경은 세종대학교에서 연구용으로 구입한 것이다. 하지만 대학 자체적으로 이 망원경을 운용할 전문 인력을 확보하기가 매우 어려워 소백산천문대에 위탁해야 했다. 지금 민간 천문대나 심지어 일부 과학고등학교까지 60cm급 연구용 망원경을 구입하고 있지만, 이 망원경들이 효율적으로 기능을 발휘할 수 있을지는 미지수다. 잘못하면 눈요기로서만 의미 있는 현대적인 골동품을 사놓는 데 그치고 말지도 모른다. 실제로 최근에는 어처구니없는 일이 벌어졌다고 한다. 최근 국내의 모 기관은 경통 구조가 아닌 트러스 구조의 60cm급 망원경을 도입했다고 한다. 트러스형은 경통형보다 보기에는 멋지지만, 이것은 우리나라와 같은 관측 조건에서는 거의 무용지물이라고 한다. 광해가 많은 도시 인근의 천문대에서 트러스 구조의 망원경은 아예 망원경 관측을 하지 않겠다는 것과 마찬가지다. 주변의 잡광에 과도하게 노출되어 이로부터 얻는 데이터는 하나도 믿을 수가 없기 때문이다.

방문자를 위한 세 가지 프로그램

소백산 망원경을 사용해 관측을 할 수 있는 자격은 원칙적으로 국민 누구에게나 있다. 망원경이 국가의 소유물이기 때문이다. 하지만 실제로는 실력 있는 전문가들만이 사용할 수 있다. 천문대에서는 매년 두 차례 관측제안서라고 하는 천문 관측 신청서를 받는다. 이때 한국천문연구원에 소속되어 있는 전문 연구자나 각 대학의 교수, 석사 · 박사과정 학생 등이 제안서를 제출한다. 이 제안서는 위원회의 엄격한 심사를 거쳐 통과하면 관측 신청자들은 관측 시간을 배당받는다. 제안서를 검토하고 심사하는 위원회에서는 제안서를 검토하여 이 연구가 얼마간의 관측을 통해 어떤 결과를 내놓을 것인지, 망원경을 사용하여 최고의 연구 성과를 낼 수 있는 연구를 우선적으로 선정한다. 망원경 사용 시간을 확보하기 위한 연구 경쟁인 것이다.

소백산천문대는 변광성 연구를 주로 해온 역사에 걸맞게 현재는 물론 장기적으로도 변광성 연구에 집중하려는 계획을 가지고 있다고 한다. 그 때문에 소백산 망원경을 사용할 연구도 식쌍성, 맥동변

화려하진 않아도 소박하고 아늑한 소백산천문대 연구동.

광성 등의 장기 프로젝트에 관측 시간을 우선 배정하고 있다. 해마다 달라지기는 하지만, 대체로 소백산 망원경을 천문연구원 내부 연구자들이 6할을, 외부 연구자들이 4할 정도를 사용한다고 한다. 보현산천문대의 경우는 반대로 내부 연구자가 4할, 외부 연구자가 6할 정도의 비율로 사용한다.

소백산천문대는 전문가들을 위한 천문대이기 때문에 일반인의 접근에는 한계가 있다. 하지만 우리나라 근대 천문학의 역사를 보고, 천문학을 익히며, 천문학자들의 삶을 이해하려는 대중을 위한 문은 열려 있다. 천문대 스스로도 국가적인 천문대로서의 역할을 자임하고 대중들을 위한 서비스에도 신경을 쓰고 있다. 국민 누구나 천문대를 방문하여 방문자센터에서 천문대에서 이루어지는 갖가지 일들을 이해하고 경험해볼 수 있다. 소백산천문대의 연간 방문자 수는 약 5천 명 정도라고 한다. 여기에 소속된 사람들은 연구원 6명, 오퍼레이터 2명, 스텝 3명 등 총 11명이다.

방문자들은 대개 세 가지 방식으로 소백산천문대를 경험해볼 수 있다. 첫 번째는 주간 견학이다. 악천후일 경우를 제외하면 대체로 거의 매일 천문대는 견학자들에게 개방된다. 천문대에서는 본관 1층에 방문자센터를 운영하고 있는데 여기에서 소백산천문대가 하는 일과 연구 방향에 대한 설명을 들을 수 있다. 또한 천문대의 시설을 둘러보고 관측 장비들을 구경할 수 있다.

두 번째는 아주 제한적으로 허용되는 야간 견학이 있다. 천문대는 차량 접근이 편하지 않고, 또 야간에는 천문대에서 내려오기가 어렵기 때문에 야간 견학은 무조건 천문대에서 유숙을 해야 하는 어려움이 따른다. 밤에 잠깐 별을 보고 천문대를 내려올 수는 없는 것이다. 천문대로서도 방문자들이 유숙할 수 있도록 준비해야 하기 때문에 사전에 충분한 협의를 거쳐 허락을 얻어야 한다. 야간 견학은 천문학과 우주과학을 전공하는 대학생 단체의 방문이나 초중고 선생님들 중에서 천문학 관련 교육을 담당하는 경우에 단체 방문으로 허락된다. 아마추어 천문가들의 단체 방문 등에도 제한적으로 야간 견학과 관측 체험이 허락된다. 수용 인원은 15명 내외다. 숙박과 식사를 천문대 건물에서 하기 때문에 많은 인원을 한꺼번에 받을 수가 없다. 또한 천문학 관련 교육, 제도, 언론 등에 관련이 있는 사람들이 천문학을 더 잘 이해하기 위한 목적으로 특별 체험 프로그램에 참여하는 경우도 있다고 한다.

세 번째는 연구 연수 프로그램이다. 고등학교 학생들 중 천문학에 특별한 관심을 가진 사람들과 지도교사가 대상이다. 이들은 소백산 천문대의 연구원과 팀을 이루어 연구원의 지도로 교사와 학생들이 단기간에 천문학적 주제를 연구하는 연수 프로그램이다. 약 4박 5일간 관측 준비, 망원경 관측, 관측일지 작성, 데이터표 작성, 데이터 처리, 연구 보고 등 천문학 연구의 모든 과정을 따라가면서 체험하고 연구 성과를 보고하는 과정이다.

소백산천문대는 모두에게 열려 있지만, 우리나라 사람들은 아직 이곳에 오는 법을 잘 모르고 있다. 먼 산정의 천문대가 누구에게나 친근하게 느껴지기는 쉽지 않을 것이다. 하지만 일단 한번 이곳에 발을 들여놓으면 아늑하기가 이를 데 없다. 복도를 걷는 사뿐한 발소리가 들릴 듯한 고요함은 사철 천문대에 내려앉아 있다. 이곳 사람들은 서두르지 않으면서 친절하다. 천문대를 나오면서 본관의 계단과 복도에서 달·혜성·성단·은하 등 우주의 천체들이 뽐내는 모습을 보았다. 산정의 고요 속에서 빚어낸 아름다운 사진들이 소란한 세상의 열차 안으로 다시 몸을 밀어 넣어야 하는 마음에 휴식을 주는 것 같다.

소수서원의 모색(暮色)과 부석사의 사랑이야기

시종 나직한 목소리로 친절하게 안내해준 성언창 박사께 감사의 인사를 전하면서, "내려가는 길에 어디에 들러 갈까요?" 했더니 당연히 '소수서원'과 '부석사'란다. 그 말이 내게는 근처의 명소이기 때문에 들러보라는 의미가 아니라, 천문대에 와서 갑자기 느려져버린 삶의 속도를 억척스런 세상의 속도에 다시 적응시키기 위해서는 두 극단의 절반쯤의 속도를 지닌 서원과 절에 들러야 한다는 뜻으로 다가왔다.

어떤 이유로 오고 가건 소수서원(紹修書院)과 부석사(浮石寺)는 갈 때마다 늘 좋다. 다만 이번의 소수서원은 문을 닫는 시간에 닿아

오백 년의 세월을 고즈넉이 간직하고 있는 소수서원에 모색(暮色)이 내려앉고 있다.

겉모습만 볼 수밖에 없었다. 신우대가 우거진 담장을 따라 걷다가 담 너머로 서원 마당의 고즈넉한 분위기를 건네받으며 담장 바깥에서 잔디를 지켜주는 아름드리 소나무의 향내를 되돌려주었다. 소나무 아래 벤치에 잠깐 앉으니 죽계천 건너편 바위에 새겨진 '백운동'(白雲洞)이라고 씌어진 흰 글씨와 붉은색의 '경'(敬)자가 눈에 띈다. 소수서원은 원래 풍기군수로 있던 주세붕(1495~1554)이 세운 곳이다. 이곳은 원래 지명이 백운동이라 백운동서원이라고 했지만, 후에 퇴계 이황(1501~1570)이 풍기군수로 있을 때 국왕에게 진언하여 국가 공인의 현판을 얻어 '소수서원'이라는 이름을 얻었다. 백운동이란 글씨가 서원의 초기 역사를 조금 드러내고 있는 셈이다. 한편, '경'자는 퇴계 사상과 관련이 깊다. 일설에는 이곳이 절터였기에 서원이 서자 귀신들의 울음소리가 그치지 않았는데, 퇴계 선생이 경자를 써 원혼을 눌렀다고 한다. 하지만 사실은 이곳에서 공부하는 학생들에게 마음을 닦고 행동거지를 바르게 하는 실천

언제 가보아도 아름다운 부석사. 무량수전 뒤편에 의상대사를 사랑했다는 당나라 여인 선묘가 변했다는 커다란 돌이 있다.

을 일삼으라는 의미로 쓴 것이라고 한다.

소수서원에서 멀지 않은 곳에 부석사가 있다. 무량수전(無量壽殿)의 배흘림기둥으로 너무나 잘 알려진 이곳을 나는 다섯 번쯤 가보았는데, 우리나라 어느 사찰이 그렇지 않으랴만 이곳은 특히나 갈 때마다 더 좋아진다. 안양루(安養樓)의 마루 아래 안양문을 통과하면서 서서히 드러나는 무량수전의 모습은 언제나 아름답다. 또한 무량수전 앞마당에서 남쪽으로 보이는 아득히 먼 산들이 펼쳐놓는 일망무제(一望無際) 잔물결들. 큰 호흡을 한번 하니 이곳에서의 시간은 역시 세속보다는 훨씬 느리다.

부석사와 관련하여 내가 특별히 기억하는 것이 있다. 이 절을 만든 의상대사와 선묘라는 당나라 여인의 사랑에 관한 이야기다. 선묘는 당나라에 유학하고 있던 신라의 승려 의상을 사모하였다. 그러나 사랑을 고백하기도 전에 의상이 탄 배가 신라로 돌아가고 있다는 소식을 들었다. 그녀는 용이 되어 의상의 뱃길을 지키기를 소원하고 바다에 몸을 던지니 정말로 용으로 변했다고 한다. 또한 선묘는 의상이 부석사를 지을 때 커다란 돌로 변하여 절 짓는 일을 방해하는 나쁜 무리들을 물리쳤다고 한다. 선묘가 변했다는 커다란 돌이 무량수전 뒤편에 지금도 있다. 선묘각과 부석이라고 쓰인 이 돌을 볼 때마다 고양이와 은행잎, 사과꽃과 양은도시락이 나오는 내 청춘의 연서가 떠오른다.

도산서원의 별자리천구 '혼천의'(渾天儀)

풍기에서 한 밤을 자고 중앙고속도로를 따라 안동으로 내려갔다. 안동은 풍기에서 거리는 멀지 않지만, 천문대 탐방을 한 김에 도산서원(陶山書院)에 들러 꼭 조선시대 별자리천구인 혼상(渾象, 하늘의 별을 둥근 구형에 표시한 의기)을 확인하고 싶었기 때문이다. 진입로변에 가지를 늘여 강물에 닿으려는 소나무들과 느티나무가 만드는 터널을 지나니 도산서원의 앞마당이다. 때마침 소풍을 나온 한 떼의 중학생들이 땅으로 가지를 늘인 고목 느티나무에 올라가 까불댄다. 소란스런 그들을 뒤로하고 속히 전시관으로 직행했다.

400여 년을 묵은 유물은 전시관의 컴컴한 진열장 속에는 '혼천의'(渾天儀)라는 이름으로 앉아 있었다. 퇴계 이황은 1561년에 고향에 돌아왔을 때 제자들을 교육하기 위해 이 별자리천구를 만들었다. 우리나라에 남아 있는 혼상으로 유일한 것인데, 지금 모습은 좀 초라하다 싶을 정도로 낡았다. 받침대와 둥근 얼개를 나무로 만들고 여기에 종이를 여러 겹 붙여 천구를 만들었다. 하지만 별자리를 식별할 수 없는 것은 물론이요 금방이라도 떨어져나갈 듯 종이들은 찢겨 있다. 어두운 곳에 놓은 것은 그나마 더 이상의 훼손을 막으려는 듯하다.

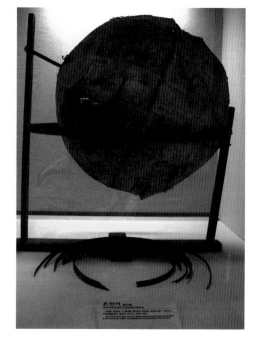

퇴계 이황이 교육용으로 만들었다는 조선시대 별자리천구 혼상(渾象)이 도산서원 전시실에 낡은 채로 보관돼 있다.

충북대학교 천문우주학과의 이용삼 교수가 주도하여 이 낡은 혼상을 2.5배 크기로 확대 복원하여 안동시청 앞에 세워놓았다. 원래 유물은 목재와 종이로 되어 있었으나 새로 만든 것은 청동을 사용해서 튼튼하게 만들었다. 황색 구면에 조금 진한 색으로 별들이 박혀 있다. 혼상은 지구본과 같은 모양이라 모양 자체가 예쁘기도 하지만, 그것이

도산서원의 혼상을 2.5배 크기로 복원한 별자리 천구. 충북대 이용삼 교수팀이 복원한 것으로 안동시청 앞에 설치되어 있다.

하늘의 별자리를 나타낸 천구라는 것을 알고 보면 의미가 새로워져 미감이 더하다. 복원된 혼상의 극축은 안동시청의 위도인 36.5도에 맞춰 기울어져 있다. 보통의 지구본이 누워 있는 23.5도보다 훨씬 더 누워 있다. 구면에 나타낸 별은 모두 1,467개다.

이 혼상에서는 남극 부근에 해당되는 아랫부분에 별들이 전혀 없다는 것을 눈여겨볼 필요가 있다. 우리나라에서 볼 수 있는 별들만 나타냈기 때문이다. 남반구의 별자리들은 유럽인들이 원양 항해를 하면서 새로 관측한 것들이다. 남반구 별자리들은 18세기에야 중국을 거쳐 조선에 들어왔으므로 혼상이 만들어졌던 16세기에는 알려지지 않았던 별자리들이다. 혼상을 복원한 이용삼 교수는 별자리 모델을 조선의 초기에 만들어진 성도인 '천상열차분야지도'(天象列次分野之圖)로 삼았는데, 여기에는 남위 약 55도 이하의 별들은 그려 있지 않다. 한반도의 최남단에서 볼 수 있는 별까지만 그려져 있는 것이다.

태양계 가늠하기

천문대를 탐방하면 그곳의 오퍼레이터들이 늘 보여주는 천체가 달이나 행성이다. 지구와 가까이 있는 태양계 식구들이라 친근하기 때문이다. 하지만 우리는 태양계 이웃들에 대해 얼마나 알고 있을까.

태양계의 크기를 과일의 크기로 가늠해보자. 행성 가운데 제일 덩치가 큰 것은 목성이다. 목성을 수박에 비유한다면 두 번째인 토성은 멜론 정도의 크기이다. 천왕성은 차례 상에 올리는 배 정도 된다. 해왕성은 천왕성보다 조금 작으므로 사과에 해당한다. 그러면 우리 지구는 어떤 과일 정도의 크기일까? 목성보다 11배가량 지름이 작으므로 방울토마토 정도라고 해야 할 것이다. 방울토마토보다 조금 작은 포도는 금성이고, 체리는 화성, 앵두는 수성쯤 된다. 제일 작은 명왕성은(2006년 국제천문연맹에 의해 명왕성은 왜소행성으로 분류되어 공식적으로 태양계에서 이름이 빠졌지만) 앵두를 먹고 남은 씨 정도라고 하면 될 것이다. 그렇다면 태양의 크기는 얼마나 클까. 바로 과일가게 앞에 세워놓은 지름 2.5m쯤 되는 파라솔이 태양의 크기에 해당한다.

망원경으로 행성 보기

천문대에서 망원경으로 행성을 관찰하기 전에 꼭 알아야 할 일이 있다. 그것은 그동안 책이나 인터넷, TV 등을 통해 보았던 행성의 모습은 모두 잊어야 한다는 것이다. 지금껏 여러 매체를 통해 보았던 화려한 행성 사진들은 대부분 지구에서 보낸 우주선이 행성에 가까이 가서 촬영한 것이다. 그래서 그 화려한 행성의 이미지들은 지구에서 망원경으로 보는 것과는 완전히 다르다.

수성

금성 지구 화성

목성

토성

천왕성

해왕성

금성

화성

목성

토성

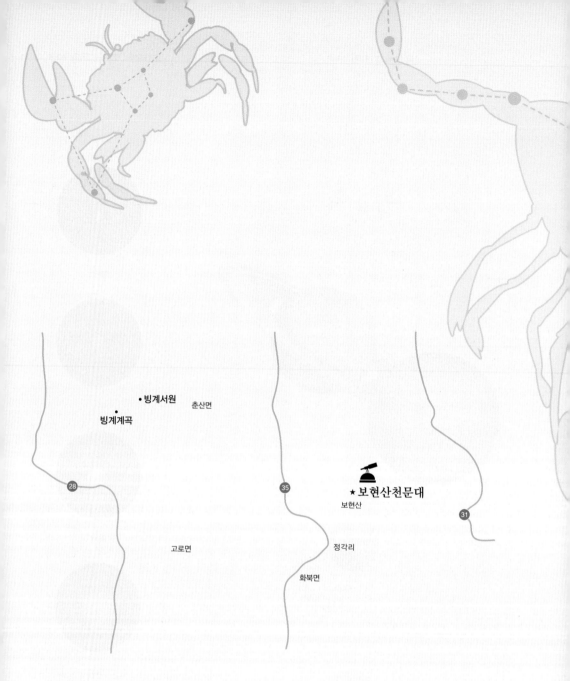

•빙계서원
춘산면
•
빙계계곡

28

35

★보현산천문대
보현산

정각리

고로면

화북면

31

별을 보지 않는 천문학자들

**최적 환경의 국립 천문대 | 망원경에도 인연이 있다 | 모니터에만 나타나는 천체들 |
나무마루 산책길 | 여름에도 얼음이 어는 빙계계곡**

별 여행 가이드 8: 별 지도 펼쳐 보기

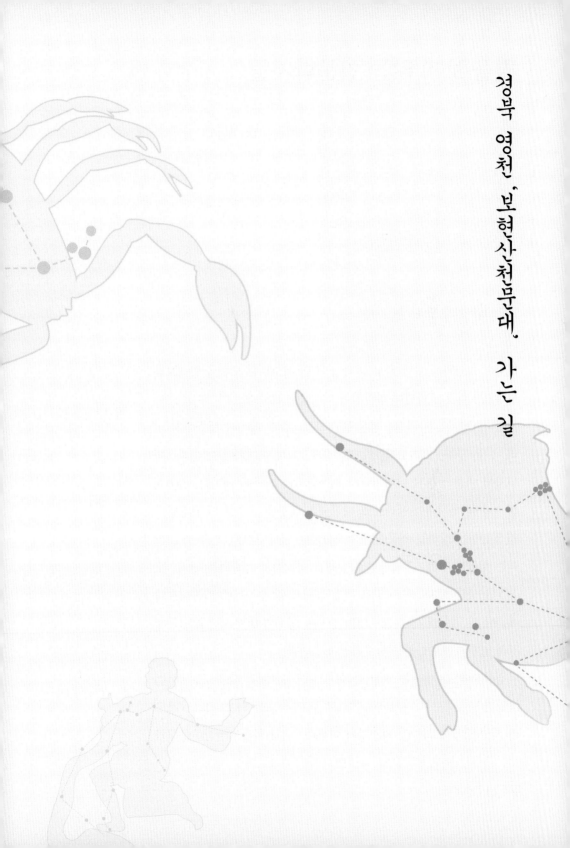

경북 영천, 보현산천문대, 가는 길

별을 보지 않는 천문학자들

최적 환경의 국립 천문대

대학의 교양과목 수업에서 '과학자' 하면 떠오르는 모습을 말해보라고 하면, 학교나 학년에 상관없이 학생들이 묘사하는 이미지는 거의 똑같다. 남자, 흰 가운, 검은 뿔테안경, 감지 않아서 헝클어진 머리, 낡은 구두, 그리고 곁에는 늘 플라스크나 비커가 놓여 있다. 과학자에 대한 공통된 이미지에서 천문학자라고 하여 예외는 아니다. 흰 가운을 벗겨내고 플라스크 대신에 망원경을 놓으면 그것이 한국인 일반이 상상하는 천문학자의 모습이다. 검은 뿔테안경을 쓰고 머리는 헝클어진 채, 후줄근한 차림새로 망원경만 응시하는 남자. 오늘 나는 천문학자들이 정말로 며칠씩 감지 않은 머리를 헝클어뜨린 채, 때 낀 얼굴에 눈을 끔뻑이며 밤새워 망원경만 응시하고 있는지 경북 영천의 보현산천문대로 확인하러 간다.

경부고속도로에서는 영천 나들목, 대구—포항간 고속도로에서는 북영천 나들목으로 나와서 북쪽으로 35번 국도를 타고 20km 정도 더 가면 영천시 화북면 자천리에 이른다. 이곳에서 보현산천문대의 이정표를 만날 수 있는데, 천문대 이정표를 보고 다시 우회전하여 10여 분을 달리면 정각리가 나온다. 정각삼거리에서 마을을 통과하여 산꼭대기에 이르는 길이 천문대에 닿아 있다. 재작년 경북 청송을 여행했던 나의 큰형은 우리나라에 그토록 깊은 산골짜기가 있는 줄 미처 몰랐다고 험한 산세에 감탄했던 적이 있다. 그런데 지금 보현산으로 들어가는 35번 국도가 청송으로 이어져 있다. 아니나다를까 산세는 구비를 돌아설 때마다 점점 깊어져 간다.

정각리는 역시 우리나라의 대표 천문대를 가진 마을답게 천문대에 대한 자부심이 대단하다. 세 개의 노랑색 별이 파란색 꼬리를 끌고 날아가는 마을의 로고 아래로 '별빛마을'이라는 다른 이름(닉네임)을 붙여놓았다. 정각리가 바로 별빛마을이라는 것이다. 8년 전에 와보았을 때만 해도 이런 식의 자부심은 전혀 느끼지 못했다. 천문대가 설립되고 얼마 안 된 터라 천문학 연구 시설이 마을 사람들의 삶에 특별한 의미를 가지리라고는 당시 누구도 생각하지 못했을

정각리 별빛마을에서 올려다 본 보현산천문대.

것이다. 그런데 지금은 '천문대사과'나 '천문대포도' 같은 산지의 농산물을 대표하는 상표가 있을 정도니 그 사이에 천문대가 사람들의 삶 속에 깊숙이 내려와 있는 것을 알 수 있다. 천문대 근처에서 자라는 과일이라는 말에서 왠지 오염되지 않은 청정한 이미지가 떠오르니 그 농산물이 신뢰를 얻는 데 있어서 천문대는 더없이 좋은 이름인 것 같다. 마을에는 음식점도 독서실도 천문대라는 말을 넣어 이름을 지었으니 여기에서만은 천문대가 신뢰의 대명사인 것 같다.

별빛마을 이정표 옆 느티나무 아래서 보현산 정상을 바라보는 경치는 멋지다. 아련히 산정에서 빛나는 은백색의 건물들을 몇 채 볼 수 있는데 필시 천문대의 건물들이다. 가장 오른쪽에 우뚝 솟은 것이 1.8m 망원경 돔이고 그 왼쪽으로 둥근 돔을 두 개 가진 건물이 방문자센터, 그리고 맨 왼쪽의 것이 태양망원경 돔이다. 8년 전에 산 아래서 보았을 때는 그저 저기에 천문대가 있구나 하는 느낌만 들었는데, 이제 다시 와보니 건물들을 구별할 수 있을 것 같다. 주말이어서인지 보현산 정상으로 향하는 등산객들이 꽤 있고, 산악자전거로 오르는 사람들이 있는가 하면, 가족들이 함께 차량으로 올라가기도 한다.

느티나무 그늘에서 호흡을 고르고 나서 우리 일행 승합차를 닦달하여 천문대까지 단숨에 오르기로 한다. 산에서 흘러내려온 계곡을 따라 올라가는 마을길은 한산하고, 담장 밑에 심어놓은 코스모스가 바람에 흔들리며 손을 흔들어준다. 마을길을 따라 올라가는 길에 눈에 띄는 것은 장수의 투구 모양으로 등갓이 씌워져 있는 가로등이다. 일찍부터 영천시가 보현산천문대와 별빛을 지키기 위해 관내에 설치된 가로등에 등갓을 씌우는 노력을 하고 있다는 이야기를 들었는데, 바로 여기 정각리에서 그것을 확인할 수 있다.

산 사면을 굽어 오르는 콘크리트 포장길 여기저기 천문 관측 중이니 일몰 후에는 차량이 올라올 수 없다는 경고판이 서 있다. 어두운 밤에 천문대에 접근하는 일은 사실 한심한 행위다. 실낱보다 가는 우주의 빛을 커다란 반사거울이 정성스레 모으고 있는 순간, 한 줄기의 자동차 불빛은 모든 결과를 엉망으로 만들어버릴 것이기 때문이다. 그렇기 때문에 천문대에 가려면 언제나 해가 지기 전에 당도해야 한다.

천문대로 이어지는 길은 꽤 구불거린다. 싸리나무, 억새, 소나무들이 계속해서 풍경을 바꾸고 하나의 모퉁이를 돌면 또 무엇이 나올까 생각하노라면 아래쪽 산 아래 마을이 보였다가 위쪽의 천문대가 보였다가 한다. 가파른 길을 자전거로 올라가는 사람들을 보니 차를 타고 가는 내가 괜히 불편해진다. 얼마나 올랐을까, 길쭉한 언덕길이 나오고 멀리 천문대가 보이는 곳에 주차장이 있다. 이곳에서부터 약 200여 미터 정도 더 올라가면 천문대다.

해발 1,162m, 동경 128도 58분 35.68초, 위도 36도 9분 53.19초. 보현산천문대의 좌표다. 보현산의 최고봉인 서봉의 정상은 1,230m다. 천문대는 서봉에서 흘러내린 능선이 동쪽 봉우리로 이

별빛마을답게 천문대로 오르는 길가의 가로등에 등갓을 씌워놓았다.

어진 곳에 위치해 있다. 좋은 절에 가보면 참으로 자리를 잘 잡았다는 생각이 들곤 하는데, 이곳 보현산천문대에서도 똑같은 생각이 든다. 제일 좋은 천문대 입지는 봉우리와 봉우리 사이에 말안장처럼 생긴 능선 부분이라고 한다. 이곳은 정상부에서 좌우로 흐르는 바람을 막아주어 기류가 매우 안정돼 있기 때문이다. 등산을 할 때 정상에서는 강하게 불던 바람도 능선으로 조금만 위치를 바꾸면 아늑한 기분이 드는 것도 마찬가지 이유다.

보현산천문대가 이렇게 좋은 자리에 설 수 있게 된 것은 사실 오랜 기간 동안 입지 선정 연구를 거쳤기 때문이다. 천문대는 1996년 4월에 정식으로 준공되었지만, 이곳에 천문대를 세우기 위한 부지 선정 작업은 그보다 10년 정도 앞선 1987년부터 시작되었다. 처음 전국에서 80여 개의 산을 선정한 후, 기상 조건, 산정의 넓이, 광해 여부, 겨울 적설량, 접근성 등을 검토하여 24개의 후보지를 선정했다. 그런 다음 현지답사와 조사를 통해 각 후보지마다 면밀한 검토

보현산천문대에서 내려다본 정각리 별빛마을. 밤이 되어도 마을에는 불빛이 몇 점이나 켜질까 싶다.

가 이루어졌다. 보현산은 처음부터 관심을 끌었는데, 일단 경북 북부지역이 우리나라에서 청정 일수가 가장 많고, 비가 적게 내리는 지역이며, 소백산맥이 겨울철 동북풍을 막아주어 적설량이 적다는 이유에서였다. 이런 장점은 1960년대 후반 소백산천문대 부지를 선정할 때도 고려되었던 것으로 당시에도 보현산은 중요한 후보지 중의 하나였다. 창녕의 화왕산, 원주 덕가산 등도 최종 후보지로 올랐으나 1년 이상 기상 관측 결과 보현산이 월등하게 좋게 나옴으로써 1991년 보현산이 천문대 부지로 선정되었다.

천문대에서 내려다보는 원경은 멋지다기보다 상쾌하다고 해야 할 것 같다. 아무런 시야의 방해도 없이 동서남북으로 완전히 트여 있기 때문이다. 그런데 산정에서 볼 때 북쪽 사면으로 길을 내면 더 쉬웠을 것 같은데, 꼭 정각리 쪽으로 길을 낸 것은 무엇 때문일까. 천문대에 접근하는 도로는 항상 남향이어야 한다는 원칙을 기억할 필요가 있다. 눈이 내린 날 밤에는 오히려 날씨가 맑아 관측하기에 좋

보현산천문대 입구 전경. 구름이 하늘을 열었다 닫았다 하고 있다.

다. 그런데 북쪽 면으로 난 길에는 눈이 녹지 않아 천문대에 올라갈 수가 없다. 이 때문에 천문대 길은 언제나 남향이다. 올라오는 길가에 싸리나무와 억새가 무성했던 것이 그들도 남향하여 햇빛을 좋아했기 때문이리라.

망원경에도 인연이 있다

보현산천문대는 처음부터 끝까지 조용하다. 해발 1,000m가 넘는 산꼭대기에 불과 20명도 안 되는 사람들이 살고 있으니 소란스러울 리가 없다. 천문대에 들어설 때 먼저 눈에 들어오는 것은 둥근 돔을 좌우에 두 개씩 갖춘 방문자센터다. 보현산천문대는 전문적인 연구를 위한 시설이기 때문에 일반 시민이 자유로이 방문할 수 있는 곳은 방문자센터뿐이다. 월요일을 제외하고는 낮 시간에는 늘 열려 있다. 이곳에서는 천체 사진과 천문학적 기초 지식을 전하는 전시물들을 볼 수 있으며, 간단한 비디오가 상영된다. 또한 기념품도 판매하고 있다. 나는 유럽을 배낭여행할 때 스위스의 융프라우 산에서 엽서를 보낸 적이 있는데, 그곳에 세계에서 가장 높은 우체통이 있었기 때문이다. 우리나라에서 가장 큰 망원경이 설치된 보현산천문대에서 산 엽서에 하늘에 가장 가까운 소식을 적어 지인들에게 전해보는 것도 좋은 추억이 되리라.

　보현산천문대에는 특별한 때에 일반 방문객들을 위한 공개 행사가 있다. 4월, 5월, 6월, 9월, 10월의 네 번째 토요일에 전문가의 강연을 듣고 천문대 시설을 볼 수 있는 특별한 기회를 제공한다. 전체 1시간 정도의 프로그램으로 우리나라에서 가장 큰 1.8m 광학망원경, 그리고 태양망원경도 볼 수 있다. 여름철에는 기상이 좋지 않아서 관측이 어렵기 때문에 천문대에서는 망원경의 거울을 코팅하거나 기기들을 점검해야 하고 또 겨울철에는 길이 얼어서 접근로가 위험하기 때문에 개방할 수가 없다고 한다. 또한 천문대에서는 1년에 한 차례, '과학의 달'인 4월에 월령을 고려하여 밤 11시까지 천문대를 공개하는 별 축제를 갖는다. 전문가를 위한 연구 시설이지만 국민을 위한 시설이므로 특별한 기회에나마 국민들을 배려하는 행사는 갖고 있는 것이다.

방문자센터 오른편으로 산 사면과 비슷하게 지붕을 처리한 멋진 2층 건물이 있는데, 이곳이 연구 관리동이다. 1층에는 식당 · 행정실 · 실험실 등이 갖추어져 있고 2층에는 연구실과 관측자 숙소가 있다. 나는 개인적인 인연으로 보현산천문대가 문을 연 지 얼마 되지 않았을 때 관측자 숙소에서 하룻밤을 보낸 적이 있다. 오늘 다시 보니 그날 만났던 관측자들과 당직자, 그리고 함께 깊은 밤까지 이

천문대 입구 앞에서 올려다본
1.8m 망원경 돔.

야기꽃을 피웠던 다른 연구원들이 생각난다. 그리고 지금도 그들은 우주와 자연, 과학자로서의 삶에 대해 나누었던 그날 밤의 이야기들을 가슴에 안고서 천문학자의 길을 걷고 있기에 마음 든든하다.

연구 관리동 옆으로 난 계단 길은 1.8m 망원경 돔으로 이어진다. 그리고 보현산 동쪽 봉우리의 정상에 이어져 있다. 억센 바위들이 듬성듬성 키 작은 나무를 이고 있는 동봉(東峰)은 보현산에 올라오는 많은 사람들이 카메라 셔터를 누르는 곳이기도 하다. 바람이 많아 키 큰 나무는 자랄 수 없는 봉우리에 억세게 살아가는 관목들과 회백색 천문대가 함께 있는 모습은 자연과 인공의 묘한 대조를 보여준다. 하지만 달리 보면 무엇보다 어려운 현실의 한계를 극복하려는 강인한 생명력을 보여준다는 점은 공통인 듯하다. 더구나 망원경 돔은 늘 보아왔던 구형이 아니라 육면체 모양이라서 더 강인하게 보이는 것 같다.

해가 지고 나면 관측자는 망원경을 가렸던 돔을 힘차게 열 것이다. 리모컨의 '열림' 버튼 한 번이면 그만이지만, 오늘 하루 이 망원경을 차지하기 위해 치열한 경쟁에서 이겼기 때문이다. 요리사들이 좋은 음식재료를 희망하듯이 천문학자들의 꿈은 좋은 망원경을 갖는 것이다. 그래서 우리나라에서 가장 큰 망원경을 단 며칠이라도 차지하기 위한 경쟁은 사뭇 치열하다. 망원경을 사용하려면 보통 3～6개월 전에 자신의 연구가 이 망원경을 꼭 써야 할 연구라는 것을 제안서에 써서 선정위원회에 신청해야 한다. 선정위원회는 다각적인 평가를 통해 허락 여부를 결정한다.

통상 1주일 정도의 사용 허가가 떨어지지만, 날씨가 관건이다. 운이 좋으면 1주일 중 3일 정도는 좋은 관측을 할 수 있지만, 하루나 이틀 정도만 날씨가 좋아도 다행이다. 억세게 운이 없는 사람은 단 하루를 건지기도 어렵다. 예전에 들었던 일화 가운데 서울대학교 박사과정에 다녔던 모 씨에 대한 이야기가 있다. 그가 관측을 하면 그날의 일기예보는 볼 필요가 없었다고 한다. 유독 그가 관측 스케줄을 얻은 날에는 어김없이 날씨가 흐려 관측을 못하게 되었기 때문이다. 그래서 그는 학위논문마저 늦어졌다는데, 지금은 비운의 징크스를 벗어났는지 궁금하다.

천문학자들은 망원경도 사람과 인연이 있다고 믿고 있다. 숲에서 사는 사람들이 나무에 혼이 있다고 믿듯이 천문학자들이 망원경에 혼이 있다고 믿는 것은 당연하다. 날씨가 좋을 때도 관측 결과가 제대로 나오지 않는가 하면, 아주 열악한 조건일 때도 의외로 좋은 데이터를 얻는 일이 많기 때문이다.

검푸른 밤이 오면 돔이 열리고 1.8m 망원경은 우주를 향한다. (사진: 한국천문연구원)

더구나 보현산의 천문학자들은 1.8m 망원경에 생명을 불어넣었기 때문에 이 망원경과 더욱 특별한 인연을 가지고 있다. 1.8m 망원경은 지난 1994년에 7월에 '첫 빛 받기'를 했고, 그것은 전 국민에게 공표되었지만, 사실상 그 후로도 한참 동안 이 망원경으로 연구를 위한 관측은 할 수가 없었다. 기능을 발휘하지 못하는 망원경이 사경을 헤맸다고 할 수 있다. 대형 망원경에서는 구동을 제어하는 전자부가 중요한데, 설치 초기에 1.8m 망원경은 계속해서 원인을 알 수 없는 에러가 났다. 여러 차례 제작사에 문의하고 심지어 제작사의 기술자까지 다녀갔지만 문제는 해결되지 않았다. 결국 망원경을 사용해야 할 보현산의 천문학자들이 팔을 걷고 나설 수밖에 없었다. 그들은 국내에서 새로 전자부를 구성하고 구동 알고리듬을 만들어 제작사의 전자부를 완전히 대체해버렸다. 그제야 망원경은 제대로 돌아가기 시작했다.

선진국 같으면 망원경을 설치하고 운용하는 팀과 그 망원경을 이용해 연구를 하는 팀이 따로 있다. 보현산천문대의 연구원들도 대부분 천문학자로서 자신의 연구를 하고 싶어 하지만, 우리나라의 여건은 그것을 쉽게 허락하지 않는다. 망원경의 전자부를 통째로 바꿔버렸듯이, 연구원들은 스스로 컴퓨터 프로그래밍을 하고, 전자 장비의 납땜을 하며, 스패너를 들고 망원경의 나사를 돌리며, 여름이면 망원경 주거울을 코팅하고, 더하여 자신의 연구도 해야 하는 팔방미인이 되어야 한다. 능력이 다양해서 좋겠다고 생각할 수도 있지만, 사실상 이것은 우리나라 과학 연구의 열악함을 보여주는 현실일 뿐이다. 새로운 음식을 개발하고 제대로 된 요리를 만드는데 전념해야 할 주방장이 전기장치도 고쳐야 하고 수도꼭지도 갈아야 하는 모양새인 것이다.

모니터에만 나타나는 천체들

관측을 위해서는 시작하기 한두 시간 전부터 돔을 열어두어야 한다. 돔 내부의 공기와 외부의 공기를 순환시켜 조건을 같게 맞추기 위해서다. 만일 돔 문을 열고 곧바로 관측을 하면 돔 내부와 외부 공기의 상태 차이로 기류에 이상이 생겨 시상이 흔들리고, 정확한 데이터를 얻을 수가 없다. 이것이 천문학자가 밤을 맞는 첫 번째 의식이다. 돔의 창을 열고 망원경이 관측자 자신은 물론, 밤하늘과 친해질 시간을 주는 것이다. 그리고 나서 관측자와 망원경은 한마음으로 우주를 응시할 때 좋은 데이터가 나온다.

1.8m 망원경을 옆에서 보면, 그야말로 어마어마하다. 망원경이라기보다 무슨 거대한 크레인 같다는 생각이 든다. 두껍고 단단한 철판으로 된 가대에 타고 앉은 1.8m 망원경의 육중함은 우리나라에서 가장 큰 망원경이라는 명성에 어울린다. 그리고 경통 부분이 트러스 구조로 된 연구용 망원경은 아마 우리나라에서 보현산 망원경이 처음일 것이다. 1.8m 망원경의 핵심 부품은 주거울과 CCD카메라라고 할 수 있다. CCD는 망원경으로 들어온 빛을 전자 신호로 바꾸어주는 역할을 하는데, 디지털카메라의 반도체소자가 빛을 받아서 사진을 만드는 원리와 같다고 보면 된다. 특히 CCD는 작은 온도 차이에도 민감하게 반응하기 때문에 액체질소를 불어넣어 항상 영하 110°C로 유지한다.

아이러니한 일이지만, 1.8m 망원경에는 눈으로 직접 천체를 볼 수 있는 아이피스가 없다. 관측실에 들어갈 때 사람들은 망원경 시야에 보일 어마어마한 별을 기대하지만, 사실 이곳에서 눈으로 볼 수 있는 별은 없다. 3~4층에 설치된 망원경은 1층에 있는 중앙 컴

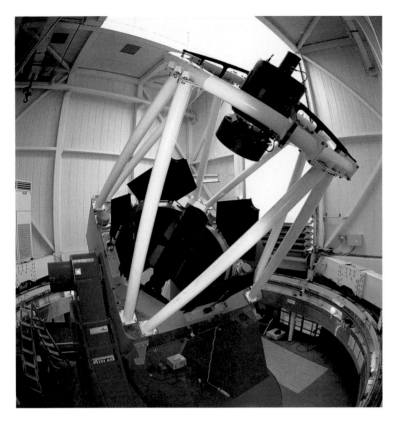

우리나라에서 가장 큰 보현산 망원경. 주경의 지름이 1.8m 이다. (사진: 박승철)

퓨터로 자동제어 된다. 좌표를 입력하면 망원경은 천체를 조준하고, 주거울 뒷부분에 설치된 CCD소자가 빛을 감지해 이것을 디지털 데이터로 만들어 분석 컴퓨터에 보내준다. 그러면 관측자는 컴퓨터 화면에 나타난 천체를 보면서 자료를 분석한다. 이처럼 모든 것이 자동이니 주망원경 돔 안에서 "별은 언제 보여줍니까" 하고 물었다가는 웃음을 사고 만다.

재미있는 것은 천문대 연구원들도 날마다 별을 보지는 않는다는 사실이다. 관측은 당일 관측자와 망원경의 구동을 담당하는 관측 오퍼레이터가 함께 한다. 관측자가 오퍼레이터에게 관측할 천체에 관한 데이터를 주면 오퍼레이터가 이것을 구동 프로그램에 준다. 그러면 망원경은 자동으로 위치를 찾아가 CCD카메라로 관측한다. 관측자는 CCD가 보내온 자료를 분석해서 연구를 하면 된다. 그러니 보현산천문대에는 아이피스에 눈을 대고 별을 찾는 전통적인 천문학자는 이제 없다.

더구나 1.8m 망원경으로 행성을 보면 얼마나 선명할까 하고 생각하는 것은 쓸데없는 기대다. 1.8m 망원경은 10등급 이하의 밝은 천체는 아예 관측을 할 수 없다. 빛을 모으는 능력이 월등할 뿐더러 CCD소자가 워낙 희미한 빛에 반응하도록 설계되어 있기 때문에 자칫 밝은 천체를 비추었다가는 전자소자가 타버리고 만다. 그래서 굳이 밝은 천체를 관측하려면 특별히 고안된 필터로 별빛을 줄여주어야 한다. 어두운 별빛을 조금이라도 더 모으려는 것이 망원경의 역할인데, 이 망원경은 그나마 모을 수 있는 빛을 줄여주어야 한다니, 일상적인 망원경 관측에 비교해보면 참으로 모순되는 상황이다.

1.8m 망원경 돔에서 서쪽으로 내려다보면 방문자센터 뒤편으로 보이는 건물이 코팅실이다. 망원경의 반사경에는 순도 99.99%의

서봉(西峯)에서 보이는 보현산 천문대. 천문대는 서봉과 동봉(東峯) 사이에 아늑하게 자리 잡았다.

알루미늄이 코팅되어 있는데, 시간이 지남에 따라 먼지가 묻거나 부식되어 반사 효율이 떨어진다. 그렇기 때문에 매년 여름 망원경의 주거울을 떼어내 새로 코팅을 한다. 주거울을 떼 내고 붙이는 일과 이것을 코팅실로 옮기는 일 또한 만만치 않다. 주거울은 무게만 1.5톤이 넘고 거울을 감싸고 있는 캐비닛 무게까지 합하면 2톤이 넘는다. 그래서 돔 천장에 설치된 크레인으로 들어서 바닥으로 내리면 다시 대형 크레인으로 들어내 코팅실로 옮긴다. 코팅실에서는 약품을 처리해서 기존의 코팅을 벗겨내고 알루미늄으로 아크 방전을 일으켜 코팅을 한다.

코팅실에서 보현산의 서봉(西峰) 쪽으로 보이는 건물이 태양망원경 돔과 관측실이다. 이곳은 휴일에는 조용히 문이 닫혀 있지만, 평일에는 하루 종일 해바라기처럼 태양을 따라 태양망원경이 돈다. 그리고 망원경의 눈을 따라 천문학자들도 하루 종일 태양을 지킨다. 망원경에 컴퓨터와 분석기가 연결되어 시시각각으로 태양의 활동과 변화가 영상으로 나타나고 데이터로 출력된다.

하얀색의 원통형 태양망원경은 다섯 개의 작은 망원경으로 구성돼 있다. 태양의 백색광을 관측하는 망원경, 수소원자핵인 H-알파선을 관측하는 망원경, 태양 표면의 자기장 변화를 검출하는 VMG와 LMG 망원경, 마지막 하나는 태양의 원반을 따라가면서 기기 전체를 가이드 하는 망원경이다. 이 중에서 특히 중요한 것은 VMG, LMG, H-알파선 망원경으로 이들은 태양이 하늘에 떠 있는 순간에는 계속해서 태양을 관측하면서 변화를 검출한다. 플레어가 폭발해 급격한 변화가 감지되면 망원경에 연결된 컴퓨터는 자동으로 신호를 울려 연구원들에게 알려준다. 태양에서 플레어(flare : 태양에서 돌발적으로 많은 양의 에너지를 방출하는 폭발적인 현상)가 생기면

2~3일 후에 지구에서는 오로라가 발생하고, 통신위성이 고장을 일으키거나 무선통신에 장애가 발생하기 때문에 태양 활동을 감시하는 것은 매우 중요하다.

"태양은 내일 다시 떠오른다"는 말처럼 태양은 늘 변함없는 것 같지만, 태양을 연구하는 전문 연구자의 눈에는 태양만큼 변화무쌍한 천체가 없다. 태양의 변화를 보여주는 망원경에 연결된 검출기와 이 검출기에 연결된 컴퓨터의 화면을 보고 있노라면 계속해서 그래프가 상하로 오르내리는 것을 확인할 수 있다. 천문학자들은 태양은 고요한 천체가 아니라 살아 있는 야생동물 같다고 말한다. 가끔씩 성화를 낼 때는 그래프가 하늘로 치솟고 지구 대기에 엄청난 영향을 준다.

많은 사람들이 천문대 사람들은 낮에는 자고 밤에는 별을 보는 생활을 할 것으로 상상한다. 그러나 천문대 사람들도 아침에 출근해서 저녁에 '퇴근한다.' 한 사람의 관측자가 망원경을 약 일주일씩 쓰기 때문에 자신의 관측 스케줄이 없는 사람들은 밤에 천문대에 남아 있을 이유가 없다. 천문대에서 밤을 새우는 사람은 관측자와 오퍼레이터뿐이다. 그래서 대부분의 천문학자들은 아침에 출근해서 저녁에 퇴근한다. 낮에는 천문대의 업무를 보거나, 연구보고서를 작성하거나, 자신이 정리한 데이터를 이용해 논문을 쓴다.

나무마루 산책길

천문대에서 서봉 쪽으로 난 산길은 언제 걸어도 좋은 산책길이다. 이미 많은 사람들의 입소문으로 확인되었던지 벌써 천문대의 주차장에서부터 서봉까지 나무마루 길이 놓여 있다. 족히 1km는 될 이

길을 맨발로 걸으며 산정의 천문대와 산 아래의 마을들을 번갈아 보는 일은 보현산에서만 맛볼 수 있는 호사라고 해야 할 것이다. 어린 아이의 손을 잡고 걷는 엄마의 모습이 태양을 가려 예쁜 실루엣을 만들었다. 그들을 사진에 담으려 했으나 이미 태양 속으로 걸어 들어가 버렸다. 서봉에서 바라본 천문대는 고요함 속에 외로움마저 감돈다. 남들과 다른 공간에서 다른 시간을 사는 일은 여행의 묘미 중의 하나일 것이다. 산 아래 사람들은 상상하지도 못할 공간에서 상상하지 못할 시간을 보낼 수 있는 여행의 맛은 보현산이 준 것일까 천문대가 준 것일까.

오늘 밤에도 별빛은 보현산 위로 떨어질 것이다. 그러나 오늘 밤부터 그 빛은 다른 어느 곳에서보다 소중하게 느껴질 것 같다. 보현산에 내려오는 별빛은 인력과 장비와 예산의 부족을 이겨내고 모아진 우리나라에서 가장 밝은 별빛임을 알았기 때문이다. 보현산의 망원경은 1년 동안 세계 유수의 과학잡지에 실리는 수십 편이 넘는 논

맨발로 걸어도 좋을 나무마루 산책길. 이 길은 주차장에서부터 천문대를 지나 서봉까지 길게 이어져 있다.

문을 생산한다. 하지만 망원경과 함께 노력한 보현산의 천문학자들이 없었다면 그것은 불가능했을 것이다. 그들은 검은 뿔테안경에, 꾀죄죄한 용모에, 헝클어진 머리를 하고 있지 않다. 보현산의 천문학자들은 육중한 망원경을 힘차게 움직여 밤사이 우주에서 전해오는 메시지를 우리 모두가 들을 수 있게 노력하고 있다.

여름에도 얼음이 어는 빙계계곡

보현산을 내려와 가장 가까이 있는 문화유적을 찾아 나서기로 했다. 8년 전 보현산에 왔을 때 그것을 생각한 적이 있다. 천문대와 주변의 명승고적을 함께 돌아보는 여행 말이다. 이번에는 의성군 쪽으로 가면서 빙혈, 빙산사지오층석탑, 탑리오층석탑을 돌아보기로 했다. 35번 도로를 타고 청송군 현서면까지 가서 다시 68번 도로를 타고 의성군 춘산면 쪽으로 간다. 양지저수지를 지나 양지마을에서 빙계계곡을 안내하는 표지판이 나온다. 그곳에서 다시 2.5km쯤 들어가면 빙산사터와 오층석탑이 있는 경북 의성군 금성면 서원마을이다.

마을의 바로 앞은 보현산에서 시작된 산세를 타고 흘러내려온 강이 깊은 협곡을 만들어 물살이 강하게 흐른다. 물살은 마을을 한 번 위협하고 휘돌아서 다시 서쪽 빙계서원 쪽으로 흘러간다. 얼마나 물살이 셌던지 수세가 떨어지는 곳에 거대한 바위덩이들이 굴러가다가 멈춰 있다. 그리고 바위들은 강물을 거스르며 버티고 선 채 빙계계곡의 장관을 만든다.

마을 왼편으로 올라가면 빙혈(氷穴)이라고 이름 붙여진 얼음 동굴이 있다. 이곳 지명이 빙계계곡인 것도 이 빙혈에서 연유할 것이다. 빙혈에서는 여름에도 얼굴이 시릴 정도의 차가운 바람이 나오고 겨울에는 바깥 공기보다 훈훈한 바람이 나온다고 한다. 하지 때는 굴속에 얼음이 얼고 평균 영하 4°C의 기온을 유지한다고 한다. 9월 초이기에 더위가 아직도 꺾이지 않았을 때인데도 빙혈 입구에 서보니 금세 아랫도리가 으스스해지고 추위에 몸이 떨린다. 이런 자연의 냉난방 시설이 어떻게 해서 가능하게 되었는지 과학적인 탐구는 아직 이루어지지 않은 모양이다. 필시 겉으로 드러나지 않은 거대한 자연 동굴이 있어서 공기가 이곳을 거쳐 나오면서 차가워지거나 더워지는 것일 텐데, 알지 못하겠다. 설명문을 읽어보니 먼 옛날에는 이곳이 거대한 동굴이었는데, 지진으로 동굴 입구가 막히고 일부만 남았다는 이야기가 전해온다고 한다. 아마 사실일 것이다. 이광수의 소설에서는 이곳이 설총과 요석공주와의 사랑이야기의 무대로 등장한다고 한다. 빙혈 주변의 바위틈에 난 구멍에 손을 대보아도 똑같이 으스스할 정도의 찬바람이 난다.

물소리만 들어도 시원한 옥빛 물결이 큰 바위들을 지나 빙계계곡을 흘러가고 있다.

빙혈 입구. 오래전 지진으로 막혀 있는 이 자연 동굴은 신비하게도 여름일수록 춥고 겨울일수록 따뜻하다.

　빙혈 앞에는 벽돌로 쌓아올린 전탑 느낌이 나는 빙산사지오층석탑이 있다. 이 탑은 인근의 탑리에 있는 국보77호 탑리오층석탑을 본떠 만든 것이라고 한다. 이곳은 원래 통일신라 때 세워진 빙산사라는 절이 있던 자리로 탑은 절의 흔적이다. 단풍나무에 살짝 가려진 탑의 자태가 아주 곱다. 미술사가들의 설명에 따르면, 이 탑은 균형미가 있고 주변 산세와 잘 어울려서 보물로 지정되었다고 한다.

　빙계계곡의 물을 따라 500여 미터를 내려가서 다리를 건너면 빙계서원이 나온다. 원래 다른 곳에 있던 서원을 1600년에 빙산사지로 이전하였다고 한다. 그 때문에 이 마을이 서원마을이 되었을 것이다. 서원은 흥선대원군의 서원 철폐령으로 사라졌다가 2006년에 지금의 자리로 이전하여 복원하였다고 한다. 새로 지은 건물이라 묵은 맛은 아직 없지만, 주변의 산세와 서원 앞을 흐르는 강물에 잘 어울리는 것 같다.

　의성 쪽으로 나오면서 탑리오층석탑을 찾아가 보았다. 우리 문화재들을 대하다 보면 국보급 문화재들은 어디가 달라도 다르다는 생각을 하곤 한다. 내게 문화재를 보는 감식안이 생긴 것인지는 몰라

제 어깨에 풀포기들의 자리도 내주며 통일신라시대부터 서 있는 의성 탑리오층석탑.

도 멋지다, 굉장하다, 뭔가 독특하다는 식의 느낌을 주는 대상을 보고 설명문을 읽어보면 '국보 몇 호'라고 씌어 있는 경우가 종종 있다. 탑리오층석탑도 보는 순간 참 멋지다는 생각이 든다. 설명문에는 경주 분황사의 모전석탑 다음으로 오래된 모전석탑이라는 등, 우리나라 석탑 양식의 발달을 이해하는 데 중요한 자료라는 등, 그밖에 장대석, 지대석, 판석, 덮개돌이 어떻다는 등 국보가 될 수밖에 없는 이유가 나오지만, 내게는 그것보다 탑이 주는 우아한 아름다움이 국보급인 것 같다. 잔디 언덕 위에 소나무들에 싸여 있는 자리도 그러려니와 황갈색 이끼가 긴 돌이 주는 세월의 무게가 더해져 석탑은 자꾸만 눈길을 당긴다.

보현산과 의성을 돌아오는 길은 서울에서 보면 참으로 멀었다. 첫새벽에 나섰던 길이 탑리오층석탑을 돌고 나니 벌써 어둑해졌다. 나는 지금 안동의 병산서원에서 강물에 지는 낙조와 함께 나를 기다리는, 아버지 산소의 벌초를 위해 귀향한 선배에게 갈 것이다. 시인인 그에게 계절이 지나가는 하늘의 이야기와 8년 전 사과꽃 피는 시절에 와보았던 영천과 보현산 이야기를 들려줄 것이다. 그리고 오늘 다시 늦여름 청록의 산세를 가르며 산정의 천문학자들을 추억하고 세월에 묵은 두 기(基)의 석탑을 돌아보았던 일을 그에게 풀어놓으리라. 그의 시는 늘 넘치는 강물로 나를 익사시킬 듯 목까지 차오르지만, 나는 그에게 별과 과학과 역사에 허우적거리는 몸짓도 시가 될 수 있는지 물어보리라.

별 지도
펼쳐 보기

땅의 위치를 표시한 지도가 있듯이, 별의 위치를 표시한 성도(星圖)가 있다. 성도에는 서로 가로지르는 두 선이 있는데 그 세로 선을 '적경'(赤經), 가로 선을 '적위'(赤緯)라고 한다. 지구본에서 볼 수 있는 경도선(經度線)과 위도선(緯度線)을 하늘에 투영시킨 것으로 생각하면 이해하기 쉽다. 적경은 0시에서 24시까지 시간으로 표시하고 적위는 +90도에서 −90도까지 각도로 표시한다.

성도에 밝기가 다른 별을 나타낼 때는 점의 크기로 구분하는데 밝은 별일수록 크다. 별자리에 있는 성운 · 성단 · 은하와 같은 것은 그 모양과 비슷한 기호로 나타내고 목록의 이름을 적어준다.

메시에 목록

1758년 프랑스의 혜성 탐색가 샤를 메시에(Charles Messier)가 만든 목록이다. 메시에는 혜성으로 착각하기 쉬워 혜성 탐색에 방해가 되었던 천체를 따로 모아 정리하였다. 110개의 대상에는 메시에의 첫 글자인 M자 뒤에 번호를 붙여 이름을 붙였다. 황소자리의 게성운은 M1이고 안드로메다은하는 M31이다. 별자리에 익숙해진 초보자가 망원경이나 쌍안경으로 찾아볼 만한 대상이 많은 목록이다.

NGC 목록

1888년 존 드레이어(John Dreyer)가 만든 목록으로 New General Catalogue의 준말이다. 드레이어는 7,800여 개에 이르는 성운 · 성단 · 은하를 정리하면서 각 천체의 적경값이 커지는 순서로 번호를 붙였다. 메시에 목록과도 겹쳐 M31인 안드로메다은하는 NGC224이기도 하다.

IC 목록

Index Catalogue의 준말이다. NGC 목록에서 빠진 5,300여 천체를 모은 것이다. 성도에는 I 다음에 숫자를 붙여 표시한다.

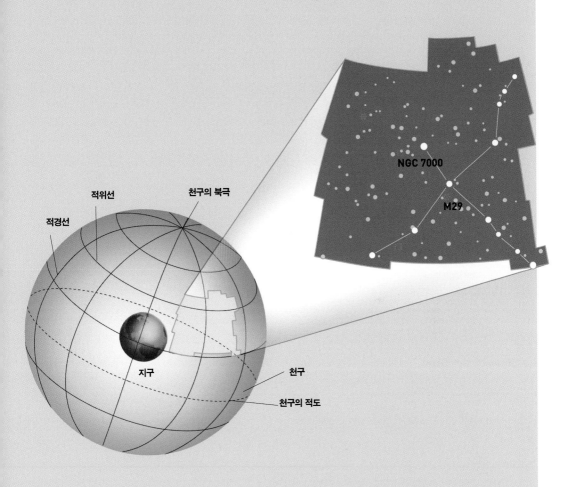

적위선 적경선 천구의 북극

천구의 북극

적경선

지구

천구

천구의 적도

NGC 7000

M29

별지도 ▶▶▶
그림은 백조자리의 영역을 나타내고 있다.
밝은 별들을 이어놓아 쉽게 알아볼 수 있게 하였다.
큰 점은 밝은 별을 나타내고 어두운 별일수록
작은 점으로 나타나 있다.

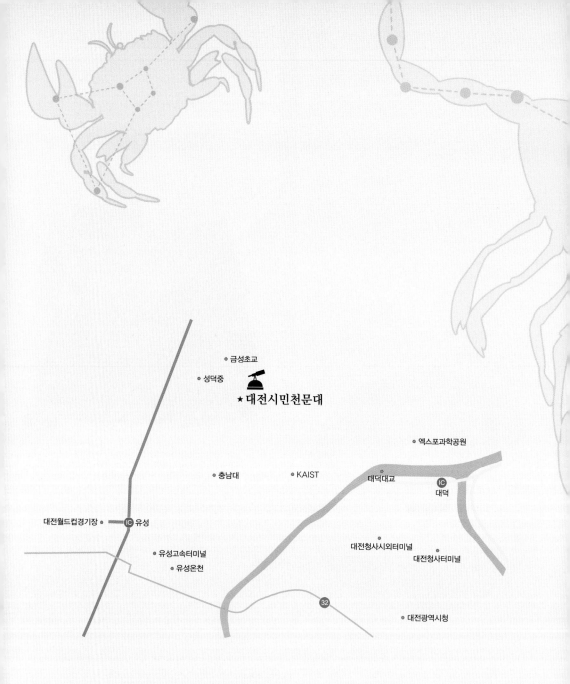

고독한 천문학자가 떠나온 자리

어느 천문학자의 고백 | 천문학은 사람을 바꾸는 지혜가 될 수 있다 | '하늘 놀이터'에서 노는 아이들 |
밤하늘에 울리는 선율, '별 음악회' | 한번으로는 아쉬울 천문대 탐방

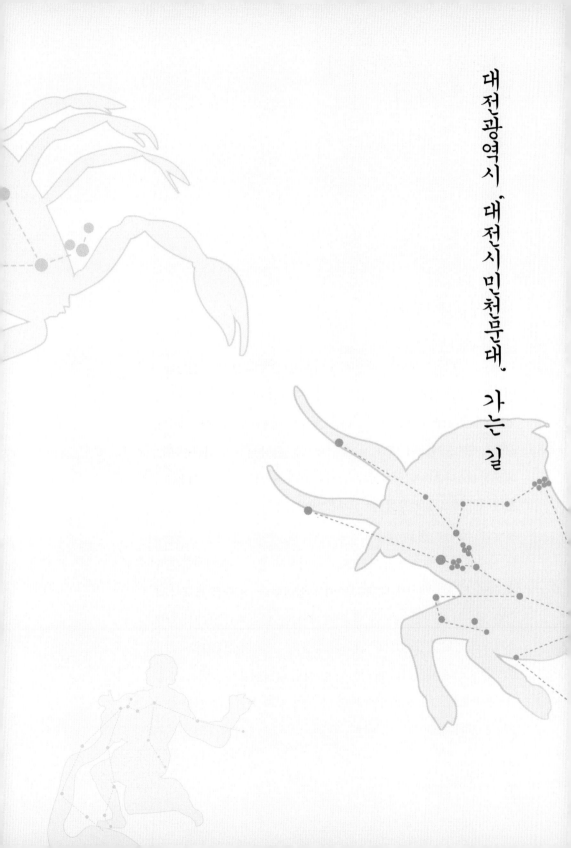

대전광역시, 대전시민천문대, 가는 길

고독한 천문학자가
떠나온 자리

○
○
○

어느 천문학자의 고백

친구가 오랫동안 생각지 않았던 추억을 끄집어내주었다. 동갑내기인 이 친구는 요즘 마흔이 넘어서 배구동호회에 가입하여 매주 두 번씩 퇴근 후에 배구를 한다. 나는 초등학교 5~6학년부터 중학교 2학년 때까지 배구를 했다. 시골 학교이긴 했지만 나는 엄연한 학교 대표선수였다. 하지만 도회지에 있는 인문계 고등학교에 진학하여 교내 체육대회에서 두어 번 실력을 써먹었을 뿐 나는 한동안 내가 배구선수였다는 것도 까맣게 잊고 지냈다. 그런데 이 친구가 중년에도 시작할 수밖에 없게 만드는 배구의 매력과 즐거움을 역설하는 통에 유년 시절의 배구에 대한 기억이 되살아났다. 배구를 잘해서 대단한 선수가 된다면 얼마나 좋을까, 하늘을 날듯이 점프해서 강한 스파이크를 날릴 수 있다면 얼마나 좋을까, 그런 상상을 해본 적은 많지만 배구의 매력이나 즐거움은 한 번도 생각해보지 않았던 것 같다. 온몸으로 그 운동을 하면서도 나는 그 일의 즐거움을 전혀 알지 못했던 것이다.

내가 대학에서 천문학을 전공하면서도 이 공부의 즐거움, 별 보는 일의 매력을 제대로 알아채지 못한 것도 이와 꼭 닮았다. 고등학교에 진학한 이후로 내 꿈은 수년 동안 천문학자였다. 나는 사위가 눈에 덮인 산정의 천문대에서 거대한 망원경을 통해 인간이 볼 수 있는 가장 깊은 우주를 응시하고 삶과 죽음, 존재와 비존재의 경계에 대해 사유하는 사람을 꿈꿨다. 아마 처음 고등학교 교복을 입었을 때 칼 세이건의 『코스모스』를 읽은 것이 발단이었을 것이다. 천문학자의 꿈은 대학을 선택할 때까지도 바뀌지 않았다. 하지만 나는 천문학을 전공으로 삼고 있었던 때조차 천문학의 매력과 별을 보는 즐거움을 발견하지 못했다. 그리고 대학을 졸업하고 한참이나 흐른 지금에도, 나는 내가 한때 천문학을 전공하고 천문학자의 꿈을 꾸었다는 사실마저도 잊고 지내는 일이 많다. 나는 왜 내가 하는 일에서 즐거움을 발견하는 데 이렇게도 서툴까.

사실을 말하자면, 대학시절 나는 천문학의 즐거움을 발견하지 못한 정도가 아니라 아예 천문학에 질렸다. 예를 들어 2학년 때 시작한 관측 과목의 과제는 한 한기 동안 달과 행성을 관측하고 사진을 가능한 한 여러 컷 찍어내는 것이었다. 그때 나는 교정의 뒷산 언덕에 자리 잡은 관측소에서 망원경에 들어온 천체를 혼자서 응시하는 일이나 숨죽인 채 외눈을 하고 망원경의 미동나사를 돌리는 일에 썩 즐거워하지 않는 스스로를 발견했다. 초겨울 밤에 망원경에 카메라를 붙여 몇 시간씩 천체들의 모습을 잡아내기 위해 씨름하다 보면 손가락은 참을 수 없으리만치 얼얼하고 볼에 스치는 바람은 손톱으로 할퀴는 듯했다. 운이 없는 날에는 고생 속에 촬영한 필름에 아무런 천체도 찍혀 있지 않다. 촬영 과정에 무언가가 잘못되어 필름에 상이 맺히지 않았던 것이다.

훌륭한 천문학자가 되려면 이런 때 좌절하지 않고 기어이 사진을 찍어내고 말겠다는 강한 의지가 솟아나야 할 것인데, 나는 오히려 내게 천문학자가 될 재능이 없다고 자포하는 쪽이었다. 또한 매주 이어지는 물리학과 수학 과목들의 숙제와 시험, 거기에 학습 부진, 흥미 상실. 결국 꿈꾸었던 천문학자의 모습은 겨울날 차창에 입김으로 그려놓은 그림처럼 대학생활의 시간을 따라 증발하고 있었다.

대학시절은 천문학과 천문학자에 대한 꿈과 현실의 괴리를 직감해가는 시간이기도 했다. 역학 · 전자기학 · 수리물리학 · 미적분

이젠 많은 어린이들이 동요로만 알고 있는 은하수. 이런 별들을 보면 누구든 꿈꾸지 않을 수 없다. (사진: 박승철)

학·해석학 같은 물리학과 수학 과목을 이수하지 않고서는 현대 천문학자가 될 수 없다. 망원경이 나오기 이전의 천문학은 천체들의 위치를 관측하고 예측하는 위치천문학이 주류였지만, 망원경을 통해 먼 천체의 실상을 볼 수 있게 된 현대 천문학에서는 모름지기 천체물리학이 주류다. 수학과 물리학 같은 정통 자연과학 지식으로 무장하고 우주에서 발생하는 각종의 현상을 물리학적 방식으로 탐구해내는 것이다. '별 하나에 사랑과 별 하나에 시'를 읊조리는 일이 천문학자의 몫이 아니게 된 지 오래다.

그런데 나는 고교시절부터 우주의 광활함과 인간이라는 존재의 하찮음을 고뇌하는 사람을 천문학자라고 생각해왔다. 과학자로서의 천문학자를 요구하는 현실에서 나는 철학자로서의 천문학자를 상상하고 있었던 것이다. 소위 '존재론적 고민', 즉 삶과 죽음, 과거, 현재, 미래, 무한, 어둠, 빛 등등 감수성이 예민한 사춘기 시절의 고뇌가 천문학과 천문학자의 꿈을 만들었던 것이다. 아니 어쩌면 내가 상상했던 천문학자의 모습은 눈 덮인 산정의 천문대에서 홀로 우주의 경이를 노래하는 시인이거나 어둠 속에 빛나는 별에서 삶의 화두를 찾아내는 선승이었는지도 모르겠다. 시인이자 선승의 이름이 천문학자였다니!

애초에 망원경을 통해 하늘을 보는 즐거움을 모른 채 시작된 천문관측은 수업의 과제일 뿐이었다. 숙제는 누구에게나 즐겁지 않은 일이다. 나는 대학에 들어와서 학과에 설치된 망원경을 보기 전까지 현실의 망원경을 한 번도 볼 수 없었던 가난한 시골 소년이었다. 동네 동무들이 가진 돈을 모두 합해도 고무 축구공 하나를 사기에도 부족할 만큼 우리는 가난했다. 그 시절에 망원경을 보는 즐거움이란 꿈과 상상에나 가능한 일이었다. 쑥 잎이 솔가지에 타들어가며 뱉는 모깃불 냄새를 맡으며 여름밤 빛나게 쏟아지는 별들이나 가끔씩 획을 긋는 별똥별들이 유년시절 내가 응시한 우주의 전부였다.

천문학은 사람을 바꾸는 지혜가 될 수 있다

그런 내가 이제야 망원경 보는 일의 즐거움에 대해 생각한다. 초등학교 4학년과 1학년짜리 두 아들을 키우며 퇴근 후에 배구를 하는 친구가 오래전부터 나를 졸라댄 것이 계기였다. 천문대 탐방을 시켜달라는 것이었다. 천문학과를 나왔으니 천문대 탐방의 안내자로 내가 제격이라는 호소에 응하지 않을 수 없었다. 나는 만일 천문대에 가면 아이들에게 무슨 이야기를 해줄 수 있을까 아니 해주고 싶은가 생각해보았다. 그러자 대학시절 의무로 배웠던 천문학 지식들이 더없이 소중하게 느껴졌다. 생일 별자리며 반사식·굴절식 망원경에 대한 상식이며, 별이 진화의 마지막 단계에서 폭발하면서 초신성이 만들어진다는 이야기며, 물질은 물론 빛까지 빨아들이는 극한 중력의 블랙홀 이야기들을 해주면 인기 만점이리라 쾌재를 불렀다.

하지만 이내 내가 배우며 즐겁지 않았던 지식이 요즘의 아이들에게 어떤 즐거움을 줄 수 있을까 생각되었다. 그리고 나는 비관적이되었다. 문제는 내가 줄 수 있는 천문학 지식의 양이 아니라 내게서 발설되는 지식의 질이 아닌가. 양자역학과 상대성이론 같은 최고로 난해한 과학 지식을 기억하여 아이들에게 말할 줄 안다는 것이 그렇게 자랑스럽고 의미 있는 일일까. 나 한 사람의 마음도 변화시키지 못했던 천문 지식을 아이들의 머릿속에 더해 넣는 것은 무슨 의미가 있는가. 천문대에서 듣는 지식이 양을 늘리는 지식이 아니라 삶을 바꾸는 지혜가 되고, 천문대 탐방이 여행 횟수를 늘리는 나들이가 아니라 마음을 바꾸는 체험이 되어야 하지 않겠는가.

역시 문제는 지식의 내용이 아니라 지식을 대하는 태도인 것 같다. 어른들은 늘 아이들에게 '과학을 배우고 과학을 기억하라'고 한다. 자연에 대한 지식을 이해하고 기억하고 있으라고 한다. 그것은 지금 당장부터 너희들의 학교 성적을 결정하고, 상급 학교 진학을 결정하고, 앞으로의 사회적 지위를 결정한다고 강조한다. 오늘날 우리 모두에게 과학은 성적·진학·급료에 관계되는 지식일 뿐, 삶

그 유명한 하쿠타케 혜성. 혜성은 목표 없이도 치열하게 우주를 날아간다. (사진: 박승철)

에 대한 우리의 태도를 근본에서부터 바꾸고 성숙한 인간으로 성장시키는 지식이 아닌 것이다. 과학 지식은 물질적 삶의 윤택함을 결정하는 요소이지 정신적 성숙에 이르게 하는 지식이 아니라고 생각한다. 물질적 윤택함을 목표로 한 지식을 습득하고 체험할 때 얻는 우리의 즐거움은 도대체 얼마나 될까.

과학은 진정 삶의 태도를 바꾸는 지혜가 될 수는 없는 것인가. 아니 천문대 탐방은 알고 있을 때 성적이 좋아지는 지식을 주기보다 성숙한 인간으로 변하게 하는 지혜를 줄 수 없을까. 천문학은 '지식으로서의 과학'이 아니라 '지혜로서의 과학'이 될 수는 없을까. 엄마·아빠·할아버지·할머니 같은 가족들의 삶을 더 잘 이해하고, 친구와 우정을 함께 나누고, 다른 사람을 신뢰하고, 세상을 긍정하고, 세상의 부조리를 인식하고, 그것을 개선하려는 사람으로 우리의 아이들을 성장시키는 데 천문대의 체험이 기여할 수는 없을까. 물론 지구·행성·은하 같은 대상에 대한 지식 자체는 아이들을 그렇게 변화시키기 어려울 것이다. 그것은 지금까지 그래왔듯이 성적을 올리는 지식으로 받아들여지기 일쑤다. 하지만 천문대를 탐방하며 체험하는 시간 속에 있었던 대화와 체험의 총체가 결과적으로 우리 아이들과 나 자신을 변화시킬 수 있으리라는 기대를 가져보는 일은 가능하지 않을까. 이 작은 소망을 안고 오늘 또 천문대에 간다.

'하늘 놀이터'에서 노는 아이들

천문대가 아이들의 즐거운 놀이터가 되고 성인들의 문화 공간이 되는 실례를 대전시민천문대에서 본다. 이곳에 높은 산정의 고독한 천문학자는 없다. 이 천문대는 높은 산꼭대기에 있지도 않고 찾는 사람이 너무 많아서 결코 고독할 시간이 없는 천문대이기 때문이다. 대덕연구단지의 한복판, 대전광역시 유성구 신성동의 야트막한 언덕에 자리 잡은 천문대는 뒷동산에 산책 가듯, 자전거 타러 공원에 가듯, 아무 때 아무렇게나 갈 수 있다. 이 천문대의 별칭이 '하늘 놀이터'란다. 놀이터가 집에서 멀 리가 없고, 놀이터가 즐겁지 않을 리 없다. 놀이터에는 소란한 아이들의 왁자함이 있고, 아장거리는 아이를 시소에 태우는 어른이 함께 있고, 골목을 지나는 고물장수의 가위소리가 울리고, 레슨 받는 어느 집 아이의 피아노 소리가 들리는 우리 동네의 골목에 있다.

이 천문대는 내게 모깃불 위로 흘러가는 별똥별 하나만 보고 천문학자의 꿈을 꾸지 말라고 가르치는 것 같다. 나와는 달리 대학에서 실로 즐겁게 천문학을 공부한 전문가의 설명을 듣고 망원경을 직접 체험하며 우주의 아름다움과 천문학의 즐거움을 발견하라고 한다. 여기에서는 하늘을 보는 일과 관련되는 수많은 시민 축제가 벌어진다. 정월대보름축제, 견우직녀축제, 일식관측회, 천문공작교실 등 2개월에 한 번꼴로 천문 현상과 연계된 특별 이벤트가 벌어진다. 천문 지도자 연수, 아마추어천문학회 연수가 이루지고 여름방학과 겨울방학에 천문교실이 운영된다. 그야말로 우주와 별과 망원경 관측을 두고 벌어지는 사람들의 왁자함이 연중무휴로 벌어지는 놀이터

우리나라 시민 천문대 1호인 대전시민천문대 야경. 주관측실 돔이 열리면 주망원경은 별을 찾는다. (사진: 대전시민천문대)

인 것이다.

현재 우리나라 천문학 연구의 중심 기관인 한국천문연구원을 이끌고 있는 박석재 원장은 대전시민천문대의 명예대장을 겸하고 있다. 천문학을 대중화하고 과학을 대중화하는 일에 오래도록 노력해왔던 그는 시민 천문대를 처음으로 제안한 사람이다. 천문학이 고독한 학자의 학문이 아니라 사람들과 함께 하고 즐길 수 있는 학문이라는 것을 알리고 싶었기 때문이다. 그는 대전시장과 공무원들을 설득하여 시민 천문대를 세워 시민들에게 돌려주기로 했다. 그 뜻에 한화그룹이 동조하여 천문대 부지를 기증하게 되었다고 한다. 애초부터 사람들과 가까이 있는 천문대를 만들기로 했으니, 천문대는 외딴곳에 있다는 상식은 설자리가 없어졌고 더불어 고독한 천문학자라는 한때의 내 꿈도 여기에서 다시 깨졌다.

이 천문대는 우리나라 시민 천문대 1호라는 명찰을 달고 있다. 과학기술부에서 2000년대 초부터 지방자치단체에서 천문대를 설립하

대전시민천문대의 주망원경인 구경 250mm 굴절망원경.

는 것을 지원해왔는데, 그 중에서 선도적인 1세대에 드는 곳이 대전시민천문대, 별마로천문대, 김해천문대이다. 하지만 시설 규모가 별마로천문대에 비해서 절반 정도로 작아서 천문대 앞마당에 주차장을 크게 만들지도 못했고, 방문자들이 시간을 기다리며 대기할 장소가 마땅치 않다. 천문대의 시설은 1층에 연구실과 플라네타륨(planetarium, 천체투영관), 2층에 전시실과 대기실, 3층에 주관측실과 보조관측실로 되어 있다. 주망원경은 우리나라 대부분의 천문대에서 반사식 망원경을 사용하는 것과 달리 구경 250mm 굴절망원경을 사용하고 있다. 우리나라에 있는 굴절식 망원경 중에서는 가장 큰 규모다. 슬라이딩 돔 형태로 지붕을 열고 닫을 수 있는 보조관측실에는 102mm 굴절망원경 2대, 160mm 반사망원경 1대, 250mm 반사굴절식 망원경 2대, 280mm 반사굴절식 망원경 1대, 80mm 굴절망원경(태양 관측용) 2대, 125mm 쌍안경 5대가 설치되어 있다. 관람객들은 각기 다른 천체들을 시야에 잡고 있는 망원경들을 순서대로 진행하면서 볼 수 있다.

전시실에는 우주 개발의 역사, 대기 소용돌이 발생 기구, 우주 진화의 역사를 보여주는 일러스트레이션, 망원경의 원리, 우주 체험 영상, 행성들의 중력을 알려주는 행성 저울, 천문 상식 퀴즈 부스 등이 설치되어 있다. 이 퀴즈 부스에는 자신의 천문 상식을 자랑하려 하는 초등학생들이 붙박이로 버티고 있는 경우도 있다. 우주인으로 변신하여 사진을 찍을 수 있는, 얼굴 부위만 비어 있는 우주인 인형도 인기 만점이다. 어른들은 이곳에서 자신이 알고 있는 천문 상식과 기말 시험에 나올 과학 원리들을 아이들에게 주입하려 하지 말고 그들이 무엇에 흥미를 가지고 왜 그런 흥미를 가지는지를 관찰하고 대화하는 시간이 되었으면 좋겠다.

밤하늘에 울리는 선율, '별 음악회'

이 천문대가 마련하고 있는 프로그램 중에서 천문학에 대한 상식을 뒤엎는 가장 획기적인 것이 '별 음악회'다. 매주 토요일 저녁, 플라네타륨 안에서 펼쳐지는 별 음악회에는 이름 그대로 별과 음악회가 함께 있다. 플라네타륨은 둥근 천장에 밤하늘의 모습을 투영하여 태양계 천체들의 움직임을 재현하고 별자리의 모습을 그려볼 수 있는 곳이다. 이것은 밤하늘의 모습을 실제와 똑같이 재현하기 때문에 프로그램이 시작되면 내부는 완전히 깜깜한 어둠이다. 별 음악회는 바로 이 어둠 속에서 천장에는 별들이 흐르는 가운데 음악이 흘러나오면서 시작된다. 그 순간 실내의 모든 사람이 숨을 죽일 수밖에 없다. 사위가 고요한 어둠 속에서 피아노 소리에 맞춰 아름다운 가곡이 흘러나오고, 가야금 연주와 판소리가 있으며 기타 소리가 들리니 생전 세상의 어느 곳에서 이런 경험이 있을 것인가.

별 음악회는 무료로 누구나 갈 수 있는 음악회이지만 서두르지 않으면 들어가기가 쉽지 않다. 인기가 워낙 많아 공연이 시작되는 밤 8시보다 훨씬 전부터 긴 줄을 서는 광경이 매번 연출된다. 한 번은 줄이 길어서 대전광역시의 현직 부시장조차 들어가지 못했다고 한다. 편법이 통하고 권위가 통할 만도 한 상황에서 지방자치단체의 높은 사람이 다른 이들과 똑같이 기다렸다가 순서가 오지 않자 그냥 돌아갔던 것이다. 별 아래서는 누구나 평등한 시민이라는 사실을 아는 부시장이었다고 생각된다. 또한 밤하늘 아래서 배워야 할 것이 블랙홀이나 초신성 현상에 대한 과학 이론만이 아니라 타인에게 겸손해지는 성숙함이라는 사실을 일깨운다.

별 음악회를 준비하고 이끌고 있는 사람은 안과 의사이자 성악가

인 심우훈 씨다. 그의 이력은 독특하다. 의학을 전공하여 의사가 된 다음, 별이 좋아서 아마추어천문회에 들어가서 별 전문가가 되었다. 그런 그가 다시 어린 시절부터 가슴에 담아두었던 노래를 부르고픈 꿈을 잊지 못해 성악에 입문했다. 10여 년이 훨씬 넘게 계속된 밤하늘과 성악을 넘나드는 다양한 관심과 열정이 하나로 결합되어 세계 최초로 별 음악회로 결실을 맺었으니 그에게서도 천문학이 삶을 바꾼 실례를 볼 수 있다. 그는 별과 음악을 동시에 사랑하고 즐길 줄 아는 사람으로 별 음악회를 무려 300회를 넘기도록 오래오래 이끌어가고 있다.

별 음악회 이야기를 들은 사람들은 얼른 '콜럼버스의 달걀'처럼 발상의 전환이 기발하다고 생각할 것이다. 그러나 모든 일이 그렇듯이 발상만 있다고 해서 현실이 되는 것은 아니다. 사실 별 음악회는

플라네타륨의 둥근 천장에 별빛 가득한 우주가 펼쳐져 있다. (사진: 대전시민천문대)

완전한 음악회를 만들기 위해 여러 가지 기술적인 개선 노력들을 계속해왔다. 모순적이게도 본래 가장 좋은 플라네타륨은 가장 나쁜 음악회장일 수밖에 없다. 플라네타륨의 내부는 밤하늘의 고요함을 구현하기 위해서 내부의 소리를 흡수하는 흡음 시설을 해놓았다. 반면 음악회장은 공명이 잘 일어나야 좋은 시설이 된다. 또한 음악 공연을 위해 음악회장에는 조명이 있어야 하지만, 플라네타륨은 캄캄한 밤하늘을 구현하기 위해 빛을 완전히 차단하는 설계를 했으니 애초에 조명시설이라고 할 만한 것이 없다. 말하자면 플라네타륨의 조건은 음악회장과 정반대인 것이다.

심 씨는 이런 기술적 어려움들을 공연을 계속하면서 시행착오를 통해 하나하나 극복해나갔다. 흡음 시설이 되어 있는 공간에 맞추어 특별한 앰프장치를 사용하고 스피커와 마이크의 위치를 조정했다. 또한 악보를 비추는 불빛도 줄이기 위해 연주자들에게 곡을 외워서 연주하도록 했다. 청중들 또한 절대 정숙을 유지하여 밤하늘 속 고요함을 만들어내는 일을 도왔다. 이렇게 어둠과 고요가 갖추어져 청중

대전시민천문대만의 자랑인 별 음악회가 플라네타륨에서 열리고 있다. 이곳에서 방문객은 천체 현상도 보고 아름다운 라이브 음악도 듣는다.
(사진: 대전시민천문대)

들은 자리에 누운 채 하늘에 은은히 흐르는 별들을 보면서 음악을 들을 수 있게 되었다. 별 음악회를 경험해보지 않은 사람은 아마 경건한 황홀감을 전하는 천상의 메아리가 어떤 것인지 알지 못할 것이다.

제1부에서 소프라노의 노래를 몇 곡 듣고 나니 이어서 제2부 별자리 여행이 시작된다. 계절별 별자리, 행성, 성단, 성운 등 오늘 밤 망원경으로 관측할 수 있는 천체들에 대한 설명이 이어진다. 그리고 다시 한국 가곡 「청산에 살리라」, 헨델의 「날 울게 내버려두오」, 푸치니의 토스카 중에서 「노래에 살고 사랑에 살고」가 이어지면서 제3부 음악회가 이어진다. 이미 천문대인지 음악회장인지 구분할 필요가 없는 별과 음악의 퓨전이 이루어졌다.

최근에 있었던 일화 하나. 별 음악회가 열리는 플라네타륨에서 여자친구에게 청혼을 한 사람이 있었다. 미리 천문대 관계자에게 도움을 청한 남자는 별자리 설명을 하는 시간에 잠시 마이크를 빌려 청혼을 했다. 머리 위로 흘러가는 별천지의 밤하늘, 은은히 흐르는 맑은 악기 소리, 그 맑은 고요 속에서 사랑을 고백받고 청혼을 받는다면 누군들 기쁨과 감동의 눈물을 쏟지 않으리. 박수 소리와 환호 속에 모두의 축하를 받은 이 커플은 행복한 신혼에 들어 있다는 전언이다. 별이 총총한 결혼식을 위해 천문대가 결혼식장도 겸하게 될 날도 멀지 않은 것 같다.

한번으로는 아쉬울 천문대 탐방

별 음악회가 끝나면 주관측실과 보조관측실로 이동하여 직접 망원경 관측을 한다. 하지만 또, '가는 날이 장날'이라고 우리가 방문한 날은 구름이 잔뜩 끼어서 좋은 하늘을 기대하기가 난망했다. 성능이 좋은 망원경을 믿어보기로 했다. 구름이 깊어서 거의 아무것도 보이지 않는데도 주망원경을 통해 직녀성이 보인다고 한다. 순서를 기다리다 보니 보았다는 사람이 있는가 하면 아무것도 안 보인다는 사람도 있다. 오퍼레이터들이 망원경이 흔들렸을까 다시 잡아보지만 역시 구름이 너무 깊어서 보이지 않는다. 할 수 없이 망원경만 구경하고 보조관측실로 향했다. 여러 대의 망원경들이 각기 다른 대상들을 가리키고 있지만 날씨가 좋지 않아 볼 수가 없다. 한참 기다리고 있노라니 구름 사이로 살짝 틈을 보인 공간으로 목성이 보였다가 이내 사라져버린다. 이만하더라도 돌아가는 길에는 아이들과 함께 직녀성과 목성을 보았다고, 아니 그들이 보였다가 사라지는 것을 천문대에서 보았노라고 탐방의 추억을 간직할 수 있어서 다행이다.

천문 관측을 체험한 후 부모님들께 망원경을 사달라고 조르는 아이들이 많은 모양이다. 천문대에서 본 멋진 천체들의 모습을 집에서

대전시민천문대의 보조관측실. 시민들의 거처가 가까이 있어서 주민들은 대기가 맑은 날이면 언제라도 찾아와서 밤하늘의 별들을 볼 수 있다.

도 보고 싶은 것이다. 이런 경우에 호기심 차원이라면 먼저 쌍안경을 구입하는 것이 좋다. 넓은 하늘을 손쉽게 훑어가면서 맨눈으로 잘 보이지 않던 천체들이 하늘 곳곳에 숨어 있는 것을 경험할 수 있기 때문이다. 좀 더 진지한 관심이면 망원경을 구입해야 하는데, 집 주변의 대형마트에서 파는 간편한 것들은 안 사느니만 못하다. 대부분 천체 관측을 위한 용도로는 턱없이 부족한 품질과 성능을 지니고 있다. 사려거든 큰맘 먹고 좋은 것을 사야 하는데, 일반 가정에서 감당하기에는 가격이 좀 부담스러울 것이다. 일반인들은 판단하기가 쉽지 않으므로 시민 천문대의 전문가들에게 문의하는 것이 좋은 방법이겠다.

대전시민천문대를 찾는 사람들은 연간 8만 명에 이른다고 한다. 직장 일로 바빠서 혹은 다른 취미를 즐겨서 천문대 방문에 대해 관심이 없었던 사람들도 아이들이 커가면서 천문대를 찾게 되는 일이 많다. 아이들의 학교에서는 부모와 함께 하는 체험학습을 요구하고, 또 과학은 성적에도 직결되니 그것을 위해 천문대를 찾게 된다. 하지만 아이들에게 무엇을 가르치고 주입하려고 하지 말았으면 한다. '하늘 놀이터'라는 대전시민천문대의 모토처럼 아이들이 천문대에 가서 그냥 놀게 두었으면 한다. 그리고 놀이터는 한번만 가서 추억을 남기는 곳이 아니라 때마다 가서 시간을 보내는 곳이다. 그러니 가능한 한 여러 차례 가도록 하자. 천문대가 놀이터일 때, 우주 또한 놀이터가 될 것이다. 어른들이여, 천문대에서 노는 아이가 세계적으로 놀고, 지구적으로 놀며, 우주적으로 놀게 될 것을 믿어보자.

황도 12궁과 탄생 별자리

해가 떨어진 뒤에 서쪽 지평선 근처를 여러 날 살펴보면 별자리가 조금씩 바뀌는 것을 알 수 있다. 새벽 해가 뜨기 전에 동쪽 하늘에서도 비슷한 일이 벌어진다. 이는 지구가 공전하기 때문인데, 우리 눈에는 태양이 별자리 사이를 움직여가는 것으로 보인다. 태양이 지나는 길을 황도(黃道)라고 한다. 고대 천문학에서부터 태양의 위치를 관측하는 것이 중요했기에 태양의 위치를 나타내기 위해 황도를 따라 늘어선 별자리를 정해두었다. 이것은 모두 열두 개로 '황도 12궁'이라고 부른다. 양 · 황소 · 쌍둥이 · 게 · 사자 · 처녀 · 천칭 · 전갈 · 궁수 · 염소 · 물병 · 물고기 자리가 그것이다.

고대 바빌로니아의 점성술가들은 태양이 어느 별자리에 있을 때 태어났는지에 따라 사람의 운명이 결정되어 있다고 믿었다. 이것을 탄생 별자리라고 부른다. 예를 들어 12월 18일에서 1월 19일 사이에 태양은 궁수자리에 있다. 그래서 이 기간에 태어난 사람의 탄생 별자리는 궁수자리가 된다. 하지만 자신의 생일날 밤에는 생일 별자리를 볼 수가 없다. 태양이 있는 별자리는 태양빛이 밝아서 볼 수 없기 때문이다.

밤하늘에서 황도 12궁을 찾을 줄 알면 행성을 찾는 것도 쉽다. 태양 주위를 도는 행성들은 공전 궤도면이 비슷하여 지구에서 볼 때 주로 황도 가까이에서 나타난다. 만약 황도 12궁 부근에 전에 없던 밝은 별이 보였다면 행성이라고 생각해도 좋다.

황도 12궁	탄생 시기	행운의 수	행운의 꽃	행운의 색
염소자리(CAPRICORNUS)	12월 22일 ~ 1월 19일	4	히아신스	갈색
물병자리(AQUARIUS)	1월 20일 ~ 2월 18일	7	수선화	보라색
물고기자리(PISCES)	2월 19일 ~ 3월 20일	8	아네모네	파랑색
양자리(ARIES)	3월 21일 ~ 4월 20일	9	튤립	빨강색
황소자리(TAURUS)	4월 21일 ~ 5월 20일	6	제비꽃	초록색
쌍둥이자리(GEMINI)	5월 21일 ~ 6월 21일	5	레몬꽃	노랑색
게자리(CANCER)	6월 22일 ~ 7월 22일	2	연꽃	흰색
사자자리(LEO)	7월 23일 ~ 8월 22일	1	해바라기	노랑색
처녀자리(VIRGO)	8월 23일 ~ 9월 22일	5	은방울꽃	회색
천칭자리(LIBRA)	9월 23일 ~ 10월 21일	6	장미	핑크색
전갈자리(SCORPIUS)	10월 22일 ~ 11월 21일	0	민들레	검정색
궁수자리(SAGITTARIUS)	11월 22일 ~ 12월 21일	3	카네이션	오렌지색

황도 12궁 ▶▶▶

궁수자리

천진난만한 성격에 친구가 많이 따른다. 약간은 마음대로 행동하기도 한다. 여러 가지를 경험하며 풍요로운 삶을 살려고 한다. 하찮은 것에 고민하거나 과거를 돌아보지 않는다.

게자리

굳고 성실한 성격으로 빈틈없이 살아가려 한다. 성격이 강직하여 다른 사람을 자주 긴장하게 만든다. 감정의 변화가 잘 드러나지 않으며 어떤 일이든 꼼꼼하게 처리한다.

물고기자리

마음가짐을 바로 하는 데 관심이 많다. 말없이 어려운 이웃을 잘 돕는다. 사람을 쉽게 믿는 탓에 손해를 보기도 한다. 풍부한 상상력과 바다와 같은 포용력을 가지고 있다.

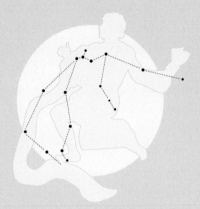

물병자리

남과 다른 생각을 잘 한다. 여러 사람과 어울리는 걸 즐기며 자신보다는 다른 사람을 더 아끼고 사랑한다. 뛰어난 추리력과 예민한 관찰력을 지녀 미술·음악·문학에 소질이 있다.

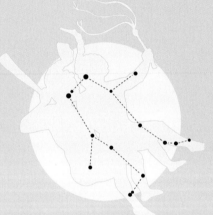

쌍둥이자리

재치가 있고 자유로운 생각이 넘쳐 친구를 잘 사귄다. 여러 가지 일에 흥미를 느끼고 잘 적응한다. 말솜씨가 뛰어나 많은 사람이 따른다.

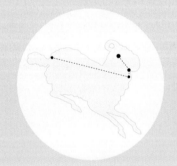

양자리

옳은 일은 어려움이 있더라도 마다하지 않는다. 머리가 좋고 활발해 다른 사람을 이끄는 사람이 되고 싶어 한다. 예리한 판단력을 지녔지만 성격이 급한 편이다.

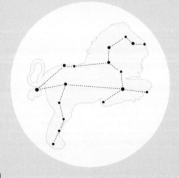

사자자리

명랑한 성격과 뜨거운 열정을 함께 갖고 있다. 자기주장이 강하고 인기가 많아 남을 잘 이끈다. 때로는 여러 사람의 부러움을 사지만 한편 고독하다.

염소자리

얌전해 보이지만 목표를 이루는데 물불을 가리지 않는다. 생각이 깊고 나이에 비해 어른스러워 보인다. 마음 맞는 친구를 만나는 일이 드물다. 인내심이 강하고 책임감 있다.

전갈자리

탐구심이 많고 조심스러운 성격이다. 결정은 매우 신중하게 하지만 한 번 시작하면 끝까지 밀고 나간다. 비밀이 많고 자기표현을 꺼려서 말이 없는 편이다.

처녀자리

감정이 섬세하고 마음이 순수해 다른 사람을 위해 희생할 줄 안다. 예민한 성격으로 예술에 남다른 소질이 있다. 중간에서 포기하지 않고 완벽하게 일을 끝내려는 성격이다.

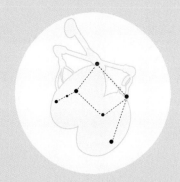

천칭자리

부드럽지만 판단이 분명한 성격이다. 일을 공정하게 처리하고 욕심도 적다. 큰소리를 내거나 화내는 일이 드물고 다른 사람과 사이좋게 지내길 원한다.

황소자리

부드러운 성격을 지닌다. 성실하고 침착하게 일을 잘 처리해 나가지만 욕심이 조금 많다. 모험을 피하고 안전한 길을 택한다. 남과 잘 어울려 함께 일하는 걸 좋아한다.

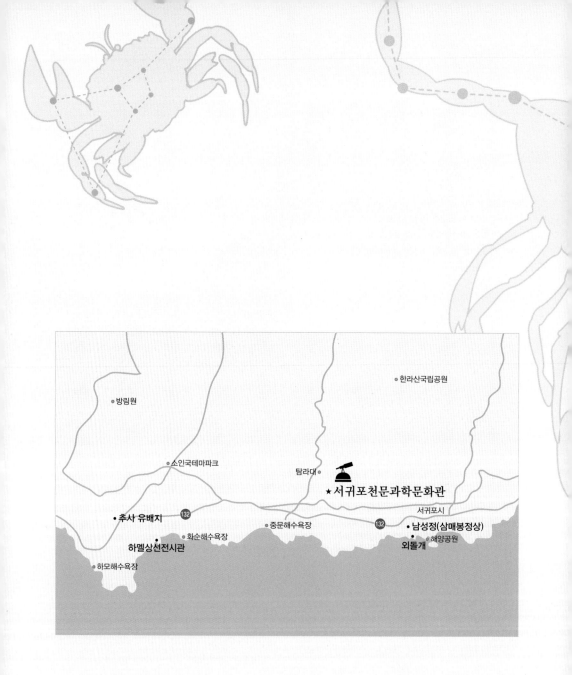

남국의 별이 전하는 이야기

추사 김정희의 유배지, 제주도 | 천체의 소식을 접시에 담아내는 전파망원경 |
우리나라 최남단의 천문대 | 제주도에서 볼 수 있는 별 '노인성'(老人星) | 남성정(南星亭)에서 바라본 하늘과 바다 |

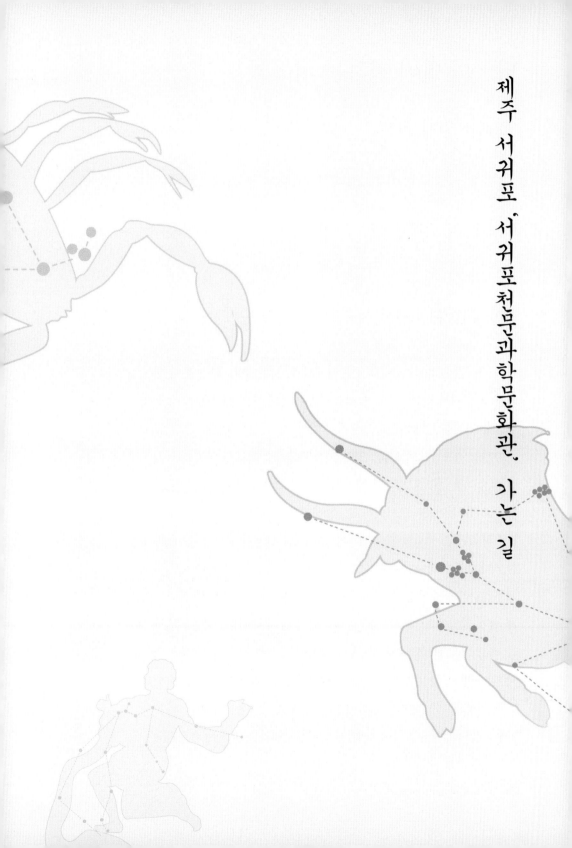

제주 서귀포, '서귀포천문과학문화관', 가는 길

남국의 별이 전하는 이야기

추사 김정희의 유배지, 제주도

아직 가시지 않은 잠 꼬리를 찬물에 샴푸로 감아낸다. 의례 전에 지키는 목욕 재계 같다. 오늘 밤 남들이 알지 못할 특별한 체험에 대한 바람을 가만히 손꼽아본다. 잠든 가족이 깨지 않게 현관문을 닫고 공항버스 정류장으로 간다. 떨어진 플라타너스 가로수 잎이 서걱거리는 소리를 듣고 있으려니 새벽의 찬 공기를 뚫고 버스가 차 안 가득 온기를 실어온다. 서서히 먼 산에 물든 단풍도 깨어나는 시각, 분주히 오르는 사람들 속에서 나는 오늘 밤 남국의 별을 보는 호사를 기대하며 차창에 기대어 눈을 감는다.

우리나라에서 가장 먼 곳을 가장 짧은 시간에 닿는다. 한 시간도 채 날지 않았는데, 비행기는 벌써 제주공항에 내린다. 공항리무진을 타고 중문 관광단지로 향한다. 그곳에서 추사 김정희(1786~1856)가 유배 시절 머물렀던 집과 기념관이 있는 대정으로 갈 참이다. 공항 건물을 나서자마자 풍광이 예사롭지 않다. 제주에 처음 와본 나를, 그 이국적인 풍치에 감탄하는 나를 옆자리의 친구는 촌스럽다

천연기념물(제163호)이기도
한 담팔수는 추위에 약해 우
리나라에서 제주도에서만 서
식해 있다.

고 하지만 사실 나는 속으로 안도하고 있다. 제주도에 남국의 정취가 없었다면 나는 실망했을 것이기 때문이다.

가만 보니 제주의 풍광은 수년 전에 가보았던 오키나와와 닮아 있다. 아니면 타이베이 공항에서 타이중으로 가던 고속도로 바깥으로 보았던 풍경과도 비슷하다. 아열대의 남국에서 유사한 풍광을 만드는 것들로 모두들 야자수와 종려나무를 들 것이다. 하지만 나는 제주도에서 종려나무보다는 담팔수라는 나무가 가져다주는 남국의 정취를 먼저 감지한다. 야자수나 종려나무는 볼 때마다 뜨거운 열대를 떠올리게 할 뿐이다. 담팔수는 상록활엽수로 우리나라 제주도와 일본 남부 규슈, 오키나와, 타이완, 중국 남부 등 난대에서 아열대에 걸쳐 자란다고 한다. 제주도에 내리자마자 내게 오키나와가 떠올랐던 것은 바로 이 나무 때문이었던 것이다. 실제로 야자수나 종려나무는 한반도에 자생하지 않는데, 제주도에서 이국적인 풍광을 만들기 위해서 일부러 심은 것이라고 한다. 이들 나무에 대한 낯섦도 또한 이유가 있었다. 국립 오키나와대학의 캠퍼스를 나오는 길에 터널을 이루었던 담팔수가 오늘 또 제주의 도로변 곳곳에서 육지 이방인의 남국 입성을 환영해준다.

공항버스는 한 시간 넘게 달려 중문 관광단지에 도착한다. 그곳에서 다시 대정읍으로 가는 시외버스를 탄다. 시골의 시외버스는 세계 어디서나 다 똑같다. 제주에서도, 내 고향 함평에서도, 스페인의 론다에서도, 인도의 카주라호에서도 시외버스에서는 늘 같은 음악이 흘러나온다. 이방인의 승차에 대한 배려라고는 전혀 없이 카오디오는 낼 수 있는 거의 최대 음량으로 메들리 뽕짝을 발성하는 것이다. 운전대를 타닥거리며 장단을 맞추던 운전사는 검게 탄 얼굴에 주름살이 깊은 노인 네댓 분과 아직 학교에 들어가지 않은 아이를 안은 젊은 엄마, 그리고 제주도는 처음이나 시외버스의 뽕짝 메들리는 익숙한 나를 태우고 대정으로 달려간다.

추사 김정희의 유배지는 대정읍에 조금 못 미쳐 있다. 버스에서 내려 이정표를 따라 걸어가니 먼저 검은색과 갈색의 현무암으로 쌓아올린 성벽이 눈에 들어온다. 아마 대정읍성인 모양이다. 표지판

추사 김정희의 유배 가옥. 추사는 비석 뒤로 보이는 바깥채에 기거하면서 지방의 유생들을 가르쳤다고 한다.

의 설명으로는 읍성은 봄이면 유채꽃의 호위를 받는다고 하니 봄에 왔더라면 더 멋졌을 것이다. 조선조에 들어 1416년(태종 16년)에 대정현이 설치되고 2년 후에 읍성이 축조되었다고 한다. 읍성은 사람들이 많이 찾지 않아 한적하고, 규모도 아담하여 정감이 있다. 충청도의 해미읍성처럼 성벽 위로 길이 있어 호젓하게 걸어볼 수 있다면 더욱 좋으련만, 그 점은 아쉽다.

늦은 가을, 성벽 아래서 말라가는 풀들을 밟으며 읍성 안으로 들어가니 추사가 머물렀던 집과 기념관이 있다. 추사 생각을 하면, 내게는 추사체라는 서법의 역사성이나 그가 지녔던 예술적 안목보다는 그가 유배생활 중에 내보인 '어른아이'의 어리광이 먼저 떠오른다. 유홍준 씨가 책에 썼던 내용 가운데 유배생활 동안 추사와 본가 사이에 오간 편지를 인용한 대목을 기억한다. 그는 편지에다 본가에서 보내온 반찬이 너무 짜다는 둥, 오래 두고 먹기가 어렵다는 둥 자잘한 불만들을 늘어놓곤 했다. 유배를 언제 사약이 내려올지 모르는 절박한 생활로 알고 있는 내게, 유배지에서 반찬타령은 나이가 들어서도 버리지 못한 부잣집 아들의 어리광이 아니고 무엇이겠는가. 읽어보니 기념관의 설명문에서도 이런 내용들이 조금 비치고 있어서 기억이 새롭다.

기념관에 전시된 것들은 대부분 복제된 것들로 그리 주목할 만한 것들은 눈에 띄지 않는다. 다만 추사가 썼다는 「수선화」(水仙花)라는 시 한 편에 특별히 눈이 간다. 나도 영국에서 지낼 때 케임브리지 강변에 핀 수선화를 보면서 시를 지어본 일이 있기 때문이다. 추사는 나와는 사뭇 다르게 수선화에서 신선의 이미지를 보았다. 아마 '수선'(水仙)이라는 글자에서 출발한 것이리라.

一點冬心朶朶圓　한 점의 겨울마음 송이송이 둥글어라
品於幽澹泠雋邊　그윽하고 담담하고 냉철하고 빼어났네
梅高猶未離庭砌　매화가 기품 높다지만 뜨락을 못 면했는데
淸水眞看解脫山　맑은 물에서 참으로 해탈한 신선을 보네

추사는 9년의 유배 기간(1840~1848) 동안 강도순이라는 사람의 집의 바깥채에서 기거했다. 그는 이곳에서 찾아오는 동네의 젊은 유생들을 가르치고 학문을 연마하면서 지냈다. 추사의 유배시절 유적은 바로 강도순의 집과 추사가 머물렀다는 바깥채를 복원해놓은 것이다. 강도순의 가옥 뒤로 돌아가니 똥돼지를 키우던 곳이 있다. 이것을 보니 고등학교 1학년 여름방학 때 진도의 친구 집에서 경험한 똥돼지가 생각난다.

친구에게 화장실을 물었더니 마당가에 팔뚝만한 나무로 얽어 만든 문을 가리켰다. 두루마리형 화장실 티슈가 아직 널리 보급되지 않은 시절이었으니 화장실에 준비된 밑을 닦는 종이는 당연히 철지난 교과서였다. 엉덩이를 까고 앉았더니 어디서 돼지가 꿀꿀거리는 것이 아닌가. 반사적으로 소리가 나는 아래쪽을 보니, 돼지가 내 엉덩이 바로 아래서 발을 동동거리고 있었다. 내가 앉은 화장실 바닥은 돼지우리의 천장인데, 서까래를 듬성듬성 대서 경계를 지었을 뿐, 밑이 다 뚫려 있었다. 돼지는 위에서 내려오는 오줌을 잘도 받아먹고 또 변도 깨끗이 해치웠다.

진도보다 더 벽촌에서 자란 내게는 돼지우리 위에서 일을 본 것이 그다지 더럽고 무서운 경험이 아니었다. 오히려 말로만 듣던 똥돼지가 이런 것이구나 하는 생각과 남들이 하지 못할 경험을 한 것에 대해 내심 자부심마저 느껴질 지경이었다. 그런 똥돼지의 경험을 이제

추사의 유배지에 와서 그와 함께 한다. 반찬투정을 하던 부잣집 도련님 추사가 똥돼지 위에서 뒷일을 볼 수나 있었을까 생각하니 피식 웃음이 난다.

사실 추사는 글씨로, 그리고 금석문에 대한 감식안으로 미술사에서 추앙받는 사람이지만, 우리나라 과학사에서도 기억해야 할 사람이다. 19세기 초 청나라에서는 고증학이 크게 유행한다. 수많은 고전들과 역대의 서적들이 고증학자들의 손으로 복원되고 주석되고 있었다. 그런데 원나라 때 주세걸이 저술한 수학사의 명저 『산학계몽』(算學啓蒙, 1299)은 중국에서 찾을 수가 없었다. 명나라와 청나라의 어느 시기에 중국에서는 완전히 사라져버린 것이다. 그런데 이 책은 당시 조선에서는 쉽게 구할 수 있는 책이었다. 중국에서 수입한 책을 조선에서 다시 찍어냈고, 조선 학자들이 열심히 공부하던 책이었기 때문이다. 추사는 24세이던 1809년 겨울에 60여 일을 북경에 머물며 청나라 고증학자들과 깊이 교류했다. 그리고 이때 그가 만났던 사람 중에 중국의 전통 수학의 집대성에 힘을 쏟으며 『산학계몽』을 찾던 완원(阮元, 1764~1849)이 있었다. 추사는 완원의

추사기념관 전시실. 추사의 글씨와 관련 자료를 전시하고 있다.

하멜상선기념전시관. 하멜이 타고 왔던 범선을 복원하고 내부 선실에 전시관을 꾸몄다.

요청으로 『산학계몽』을 중국에 전해주었고, 중국 수학사의 고전은 중국에서 다시 빛을 보게 된 것이다. 완원이 다시 찍어낸 『산학계몽』에는 이 책을 입수한 경위가 기록되어 있다.

추사의 유배지를 나와 산방산 아래의 하멜상선기념전시관으로 간다. 사실 이곳에 가는 이유는 하멜의 흔적으로부터 17세기 유럽 천문학의 잔편을 발견할 수 있지 않을까 하는 기대에서다. 전시관은 하멜 일행이 타고 왔던 스페르베르호를 복원해서 만들어 건물 자체가 거대한 범선이다. 17세기 네덜란드 범선의 위용과 내부 구조를 잘 볼 수 있다. 내부에는 항해 과정, 난파, 조선에서의 생활, 그리고 탈출 등 하멜의 이야기를 설명하는 입간판들이 서 있고, 곳곳에 선실 내부의 시설물들을 복원해놓았다.

전시실의 한 공간에는 17세기 항해 도구를 전시해놓았는데, 여기서 유럽 천문학의 흔적을 볼 수 있다. 구면에 별자리를 그려 넣은 천구의(天球儀), 어깨에 얹고 수평선과 천체의 고도를 재는 상한의(象限儀), 별을 관측하여 시간을 알아내는 아스트롤라베(astro-labe), 항해용 해도, 그리고 모래시계 등이 있다. 혹시라도 하멜이 난파해 왔을 당시 조선 사람들이 유럽에서 사용되던 천문 기구나 천문 항해 지식을 난파 선원들을 통해 들었을지도 모르겠다는 생각을 해본다. 하지만 설혹 들었다고 하더라도 너무나 이질적인 지식들을 이해하기도 쉽지 않았을 것이다.

하멜기념관 바로 옆 용머리 해안은 화산 암반과 파도가 세월을 통해 합작해낸 절경이라 관광객들의 필수 코스다. 암반은 수중 화산이 폭발하여 형성된 것이라고 한다. 흘러내린 용암들이 켜켜이 쌓여서 시루떡 같은 층리 구조를 만들었다. 가까이서 보면 내부에 모래알 같은 굵은 알갱이들이 섞여 있어서 인공적으로 부어 만든 콘크리트 구조물 같기도 하다. 전체 길이 600m나 되는 물에 깎인 절벽을 빙 둘러보는 동안 파도는 계속해서 검붉은 바위를 치고 하얀 포말을 토해내고 있다. 어느 여행단의 가이드에게서 바다 저 멀리 조그맣게 보이는 것이 우리나라 최남단의 섬 마라도라는 이야기를 훔쳐들으며 그 섬을 다시 확인해본다. 언덕 위에 세워진 하멜기념비는 특기할 것은 없지만 그곳에서 남쪽 바다의 바람을 호흡하며 먼 옛날 난파한 이방인의 표착을 기억해보는 것은 늦은 점심에 값할 수 있는 것이다.

천체의 소식을 접시에 담아내는 전파망원경

서귀포천문과학문화관에 가기로 한 약속 시간이 촉박하여 산방산 아래 사계리에서 탐라대학교까지 택시를 탄다. 가는 내내 해안도로는 육지에서는 익숙지 않은 나무와 바위와 파도와 섬들을 흘려주고 있다. 현지인이라면 웬만해서는 타지 않을 만큼 먼 거리를 택시로 가는 외지인들이 이상한 듯 운전사는 거의 아무런 말이 없다. 어디가 어딘지 도통 알 수 없는데, 갑자기 산속에서 몇 채의 건물들이 눈에 들어온다. 탐라대학교다. 교내 건물들을 돌아 언덕을 올라가니 '서귀포천문과학문화관'의 표지가 있고, 은백색의 건물과 관측실 돔이 눈에 들어온다.

사실 천문대보다는 그 옆에 세워지고 있는 하얀색의 거대한 접시형 구조물이 먼저 눈에 띈다. 2008년에 완공되는 이 구조물이 실은 망원경이다. 눈으로 보는 망원경에만 익숙한 사람들에게는 신기하게 들릴지 모르지만, 이것은 먼 천체에서부터 오는 전파를 관측하는

용머리해안. 층층이 쌓인 용
암이 굳어서 만든 거대한 바
위를 파도가 깎아 장관을 만
들어냈다.

전파망원경이다. 천문학자들은 가시광선 외에도 다양한 파장대의
빛을 이용하여 천체의 물리적 특성을 연구한다. 빛은 파장이 짧은
쪽에서부터 긴 쪽으로 감마선·엑스선·자외선·가시광선·적외
선·전파 등으로 이루어져 있다. 그래서 천문학자들은 각기 다른 빛
의 특성에 맞는 감마선망원경·엑스선망원경·자외선망원경·광학
(가시광선)망원경·적외선망원경·전파망원경 등을 만들었다. 광
학망원경은 눈에 보이는 가시광선을 이용하는 데 비해 다른 망원경
들은 특수한 파장대의 빛을 이용하는 점이 다를 뿐이다.

　전파망원경은 사각형이나 길쭉한 안테나형 등 여러 가지 모양으
로 만들 수 있지만, 아무래도 지금 보고 있는 것처럼 접시형이 일반
적이다. 위성텔레비전 안테나처럼 움푹한 포물면을 목표 천체로 향
해 그곳에서부터 오는 전파를 잡는다. 포물면에서 반사된 전파는 중
앙부의 초점에 모여 수신기로 전해진다. 대개 접시가 큰 전파망원경

일수록 성능이 좋다고 할 수 있다. 천체에서 방출되는 전파는 아주 미약하기 때문에 전파를 많이 모으고 세밀하게 구분하려면 안테나의 면적이 커야 한다. 근래에는 경쟁적으로 접시가 큰 전파망원경이 만들어지고 있는데, 지름이 100m나 되는 것도 있다고 한다. 단일 접시로는 가장 큰 것이 미국령 푸에르토리코에 있는 아레시보 전파망원경일 것이다. 지름이 300m나 되는 이 거대한 망원경은 산등성이와 계곡이 만드는 움푹한 지형을 이용하여 접시 모양을 만들었다. 그래서 자유롭게 목표 천체로 접시를 돌릴 수는 없다.

서귀포천문과학문화관 옆에 우뚝 선 전파망원경. 사람의 눈에 보이지 않는 우주의 모습을 보여주는 또 다른 눈이다.
(사진: 서귀포천문과학문화관)

단일 접시가 커지면서 이를 구동하는 것이 어려워지자 과학자들은 작은 망원경으로 큰 망원경의 효과를 내는 전파간섭계를 고안했다. 두 개 이상의 안테나에서 수신한 전파를 서로 간섭시켜 전파가 온 위치나 전파의 특성을 더 정밀하게 확정하는 방법이다. 이렇게 하면 두 전파망원경이 떨어진 거리만큼 큰 접시형 안테나를 갖는 셈이 되니 광학망원경에서 구경이 커지는 효과를 얻을 수 있다. 마치 작은 망원경으로는 희미하여 주변 천체와 잘 구분되지 않던 것이 구경이 큰 망원경으로 보면 선명하게 잘 구분되는 것과 같다.

1997년에 인기를 모았던 SF 영화 「콘택트」(Contact)에 간섭계를 이용한 전파망원경의 멋진 모습이 나온다. 이 영화는 천문학자이자 천문학 대중화의 선구자였던 칼 세이건(1934~1996)의 소설을 바탕으로 제작되었는데, 전파망원경을 이용하여 외계 생물체와 교신하는 이야기가 중심이다. 영화에서는 미국의 뉴멕시코주에 있는 거대간섭계 전파망원경(VLA)을 볼 수 있다. 접시의 지름이 25m인 전파망원경 27개가 레일 위에서 움직이면서 간섭계를 만들어 다양한 크기의 전파망원경을 구현할 수 있다. 망원경들이 최대 36km 정도 떨어질 수 있으니 그만한 크기의 거대 접시를 갖는 셈이다. 전파간섭계는 거의 거리에 구애받지 않기 때문에 대양을 사이에 두고서도 만들 수 있다. 멀리 떨어진 두 나라가 협력하면 양쪽의 거리만큼 큰 접시형 안테나를 얻는 셈인데, 이것을 초장기선간섭계(VLBI)라고 부른다.

　　한국천문연구원이 서귀포천문과학문화관 옆에 건설한 전파망원경도 일차적으로는 국내의 다른 망원경들과 간섭계를 형성하지만, 다음 단계로는 일본·중국·호주 등 다른 나라의 전파망원경들과 간섭계를 만들 계획이라고 한다. 이것을 한국우주전파관측망(KVN)이라고 부른다. 전파망원경은 연세대학교와 울산대학교에도 세워지는데, 세 곳을 연결하는 간섭계가 완성되면 우리나라는 지름 480km쯤 되는 거대한 접시형 안테나를 얻게 되는 셈이다. 안테나 한 개의 지름이 21m나 되다 보니 가까이서 보면 위압감이 느껴진다. 지름 14m인 대덕전파천문대 망원경도 위압적인데, 지름 21m는 정말로 어마어마하다. 거대한 접시가 하늘을 향하고 있는 모습을 보는 것만으로도 사람들은 천문학과 우주에 대한 탐구의 의미를 다시 생각하지 않을까 기대된다. 전파망원경을 보면서 거대함과 미세

함, 육중함과 가벼움, 감각과 인식 같은 철학적 문제에도 자연스럽게 의문이 들 것 같다.

우리나라 최남단의 천문대

서귀포천문과학문화관은 이 전파망원경의 건설과 발맞추어 세워졌다. 거대한 접시형 안테나는 멋진 볼거리일 뿐만 아니라 현대 천문학의 상징물이 될 것이므로 한국천문연구원은 이곳에 시민을 위한 광학 천문대를 함께 세울 것을 서귀포시에 제안했던 것이다. 서귀포천문과학문화관은 지난 2006년 6월에 개관했다. 이곳은 다른 시민 천문대와 달리 지역에 거주하는 시민들뿐만 아니라 제주에 온 관광객들을 위한 천문대이기도 하다. 관광단지 인근에 천문대가 선 것도 밤이면 볼거리와 체험거리가 적은 관광객들에게 수준 높은 과학문화의 체험 공간을 제공하자는 의도에서였다. 작년과 올해에 중문 관광단지의 신라호텔 투숙객들을 대상으로 한 천문 관측 이벤트는 특히 인기가 많았다고 한다.

하지만 나는 이곳 서귀포천문과학문화관이 아직 시민들의 자부심이 되지 못하고 있는 듯하여 조금 서운하다. 망원경과 천체투영실이 있고, 적지만 전문 인력이 있고, 거기다 다른 시민 천문대는 가지지 못한 거대한 전파망원경까지 옆에 두고 있으면서도 홍보가 부족한 탓인지, 이곳을 찾는 시민들의 수는 다른 천문대에 비해 많지 않은 것 같다.

이곳의 시설과 프로그램은 여느 시민 천문대와 크게 다르지 않다. 시설로는 주관측실과 보조관측실, 천체투영실, 전시실, 영상강의

서귀포천문과학문화관 전경. 오른쪽이 플라네타륨, 중앙 옥상이 보조관측실, 그리고 왼쪽이 주망원경 돔이다. 멀리 전파망원경도 보인다. (사진: 서귀포천문과학문화관)

실이 있고, 체험 프로그램은 플라네타륨에서의 별자리와 천문학 기초 지식 교육 30분, 별 관측 30분으로 이루어져 있다. 플라네타륨과 주관측실, 보조관측실이 모두 2층에 있어서 프로그램의 진행을 따라 같은 층에서 수평으로만 이동하면 되어 편리하다.

서귀포천문과학문화관의 주망원경은 지름 400mm 반사망원경이다. 망원경을 처음 보는 사람들은 쉽게 눈치 채지 못하겠지만, 사실 이 정도 구경의 망원경은 다른 시민 천문대의 주망원경에 비해 매우 작은 수준이다. 중요한 것은 효율성이지 망원경 자체의 크기는 아니지만, 그래도 지름 7m짜리 관측 돔에 비해 망원경이 작아서 공간이 좀 휑한 느낌이 든다. 또한 돔에 비해 가대가 조금 낮은 감이 있어서 지평선 부근의 천체를 잡기가 조금 어려워 보인다.

제주도에서는 거대 도시가 형성되어 있지 않아서 광해가 적을 것으로 짐작된다. 하지만, 서귀포천문과학문화관에서는 전혀 그렇지 않다. 이곳에서는 우선 탐라대학교의 교정을 비추는 가로등의 광해가 상상을 초월할 정도다. 관측을 위해 천문대 주변의 가로등에 하루 속히 등갓을 씌워주었으면 한다.

제주도에서는 육지 사람들이 상상할 수 없는 광해 요소가 하나 더 있으니, 그것은 주변 바다의 한치잡이 어선에서 나오는 불빛이다. 동해안의 오징어잡이 배가 수많은 전구를 켜고 조업하는 것을 본 일이 있는 사람은 어선의 불빛이 얼마나 밝은지 짐작할 것이다. 구름 때문에 천체들을 볼 수 없을 때, 수평선에 아른거리는 어선의 불빛을 망원경으로 보는 일은 탐방객들의 아쉬움을 달래주기도 한다. 하지만 보아야 할 별들이 있는 마당에 어선의 불빛은 안타까운 방해꾼일 뿐이다. 천문대에서는 특히 한치잡이 성어기인 여름철에는 수평선 부근의 희미한 천체를 관측하는 일은 아예 단념한다고 한다.

반면에 40명이 정원인 플라네타륨은 디지털 스크린 방식이라 어린이들이 보기에 매우 환상적이고 화려한 화면을 제공한다. 커다란 용이 두 어린이를 태우고 우주여행을 시켜주는 내용으로 구성되어

서귀포천문과학문화관의 주 망원경인 구경 400mm 반사 망원경. 돔에 비해 망원경이 조금 작은 느낌이 든다.

있는데, 아이들은 우주의 체험보다는 용이 나왔다는 사실만 기억하는 것 같다. 아날로그식 투영기는 별의 형상은 선명하게 보여주지만 다양한 볼거리를 제공하지는 못한다. 디지털 스크린 투영기는 컴퓨터 화면을 스크린에 비추는 것처럼 현란한 화면을 만들어낸다. 하지만 화면에 비친 별의 모습은 그리 선명하지 않아서 인공적인 느낌이 든다.

그런데 아날로그식이니 디지털식이니, 별이 실제 같으니 가짜 같으니 하는 식의 구별은 이제 구세대의 허튼소리가 되어버리지 않았는지 불안해진다. 도시화가 많이 진행되지 않았던 1980년대 이전에 어린 시절을 보낸 사람들은 깜깜한 밤하늘에서 영롱하게 빛났던 별들에 대한 향수를 대부분 간직하고 있다. 하지만 요즘 자라나는 세대들은 밤하늘에서 쏟아질 듯 무수히 빛나는 별들을 본 적이 없으니 실제 별과 가짜 별에 대한 기준 자체가 없을 것이다. 그들에게는 원래의 밤하늘이 없으니 가상의 밤하늘이 디지털식인지 아날로그식

보조관측실의 망원경 너머로 지는 석양. 하늘에 구름이 많아 야간 관측이 쉽지 않을 것 같은 예감이 들었다.

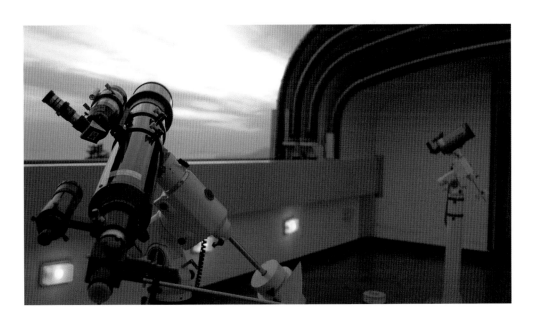

인지를 구별할 감각도 이유도 없는 셈이다.

　서귀포천문과학문화관은 앞서 이야기한 전파망원경 이외에도 내세울 것이 또 하나 있다. '우리나라 최남단의 천문대'라는 명패다. 나는 수년 전 몽골을 여행하면서 밤하늘의 모습이 우리나라와 너무나 다른 점에 놀랐던 적이 있다. 북극성과 북두칠성이 바로 머리 위에서 반짝이는 모습은 가히 충격적이었다. 북극성의 고도는 그 지방의 위도와 같으니, 북극성은 서울에서 보면 지평선에서 38도에 걸쳐 있다. 그런데 위도가 50도에 이르는 몽골에서 북극성을 보면 바로 머리 위에 있는 느낌이다. 위도가 10도 정도 높아졌을 뿐인데도, 낮게 걸려 있던 것에 익숙해 있다 보니 차이가 더 크게 느껴졌던 것 같다.

어둠과 함께 드러난 초승달과 도시의 불빛들. 천문 관측을 위해 천문대 주변 가로등의 등갓을 씌우는 일이 시급하다.

제주도에서 볼 수 있는 별 '노인성'(老人星)

제주도에 오면서도 은근히 밤하늘에서 위도 차이를 느낄 수 있으리라 기대했다. 하지만 내륙과 기껏 2~3도 차이가 나는 제주도의 밤하늘에서 위도 차이를 느낄 수는 없었다. 천문대의 오퍼레이터들도 위도 차이를 느껴본 적은 거의 없다고 말한다. 그런데 육지에 비해 2~3도 낮은 위도의 효과가 극명하게 드러나는 때가 있으니 바로 '노인성'(老人星)을 관측할 때다. 이 별은 육지에서는 관측하기가 아주 어렵지만, 제주도에서는 볼 수가 있으니 서귀포천문과학문화관의 마스코트가 되기에 손색이 없다.

노인성은 오리온자리와 큰개자리 아래쪽의 용골자리에 속한 카노푸스(Canopus)라는 별이다. 밝기가 −0.7등급이라서 밤하늘에서는 바로 위의 큰개자리 시리우스 다음으로 밝은 별이다. 전통 시대에는 노인성을 보면 오래 산다는 믿음이 있었다. 이 별이 수성(壽星), 수성노인(壽星老人) 등으로 불렸던 것은 이 때문이다. 조선 영조는 노인성 관측에 특히 신경을 많이 썼는데, 그는 제주도에 파견됐다 돌아온 관리를 만날 때면 늘 노인성을 봤는지 묻곤 했다. 영조는 당시로서는 극히 드물게 83세까지 살았으니 신하들의 노인성 관측 보고를 많이 들었던 효과 때문은 아닌지 모르겠다.

사실 노인성은 서귀포에서도 관측 시간과 고도를 고려하지 않으면 관측하기 쉽지 않다. 우리나라 가장 남쪽의 제주도 서귀포 지역의 위도가 북위 33도 근처다. 지구가 기울어 자전하므로 이곳에서 볼 수 있는 별은 이론상으로는 적위가 −57도 이상인 별이다. 노인성은 적위가 −54도 40분이므로 우리나라에서 관측할 수 있는 별의 거의 남쪽 한계에 있다. 그래서 시간을 잘 맞춰 최대 고도일 때를 포착하지 않으면 관측하기가 쉽지 않다. 노인성은 추분(9월 23일경)에서 춘분(3월 21일경)에 이르는 시기에 볼 수 있다. 예로부터 추분은 노인성을 처음 볼 수 있는 날이고 춘분은 마지막으로 볼 수 있는 날로 생각되어왔다.

옛 기록에는 춘분과 추분에 노인성을 관측했다고 한다. 하지만, 서귀포천문과학문화관의 오퍼레이터들에 따르면, 실제로 춘분 때에는 지평선 부근에 먼지가 많아 잘 보이지 않는다고 한다. 춘분 때는 초저녁에 보이기 때문에 시간적으로 관측하기는 편하지만, 천체의 모습은 선명하지 않다는 것이다. 그래서 노인성은 추분 후부터 겨울 동안에 관측하는 것이 좋다. 하지만 이 경우에는 새벽이나 심야 시간에 관측해야 하므로 좀 불편하다.

노인성은 밤하늘에서 시리우스 다음으로 밝다고 하여 영롱하게 빛나는 모습을 기대했다. 하지만 오퍼레이터들에 따르면, 요즘 제주도에서 실제로 보이는 노인성은 그다지 밝게 보이지 않는다고 한다. 기상 상태에 따라 다르지만, 공해와 광해의 영향으로 실제로는 2등급 정도의 별로 보인다고 한다. 조선시대에 제주도에서 노인성

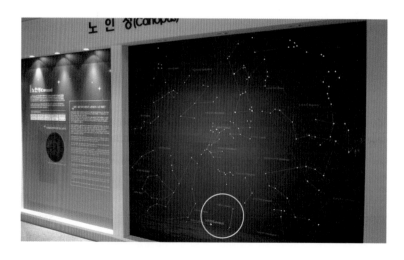

서귀포천문과학문화관의 상징이 노인성이라는 것을 알려주는 성도와 설명문. 동그라미 친 부분에 노인성이 있다.

부산하지 않게 밤을 준비하는 천문대. 밤하늘의 별이 켜지는 것을 신호로 천문대의 전등도 켜진다. 밤하늘에는 달과 금성이 떠 있다. (사진: 서귀포천문과학문화관)

을 관측한 사람들이 '햇불만하다' '달만하다' '샛별만하다'며 하나같이 감탄조로 묘사했던 것을 생각해보면, 도시화로 잃어버린 노인성의 빛이 더 아깝게 느껴진다.

주변이 어두워지면서 건물 곳곳에 옅은 불빛이 들자 천문대는 참 아름다운 모습으로 변한다. 아래층 사무실은 전등으로 밝고 옥상의 관측실은 바닥에 켜진 지시등의 불빛으로 은은히 빛난다. 그것을 보고 있노라니 어린 시절 주말이면 자취하던 광주에서 막차를 타고 고향집에 내려올 큰형을 마중하기 위해 누나들과 함께 남포등에 불을 붙이던 때가 생각난다. 어둠을 기다려 무언가를 마중하려는 사람들의 부산하지 않은 차비. 천문대의 밤은 그렇게 조금씩 깊어지고 있다.

맨 먼저 목성이 남쪽 하늘에서 모습을 드러낸다. 하지만 너무 어둡다. 하늘 전체가 옅은 구름이 깔렸고, 군데군데 맑은 하늘이 있을 뿐이다. 어쨌든 구름 속에서도 내리는 어둠과 함께 별들은 제각각 '나 여기 있소' 하면서 곳곳에서 다툰다. 북극성과 북두칠성이 보이더니 거문고자리에서 맑은 음악소리가 나고, 백조가 날개를 펴고 하늘 중앙으로 지나간다. 얼마 전부터 육안으로도 보일 만큼 밝아진 홈즈 혜성을 페르세우스자리 근처에서 오퍼레이터가 망원경으로 잡아주었다. 하지만 옅은 구름이 깔려 있어서 망원경으로도 혜성인지 아이피스에 난 손자국인지 알 수 없을 만큼 희미하다. 목성도 잡아 보았으나 안개 속처럼 희미하게 줄무늬를 확인할 수 있을 뿐이다. 구름이 자꾸만 더 몰려와 볼 수 있는 별들이 모두 사라져버린다. 할 수 없이 오늘 밤 관측은 포기하고 다시 택시를 달려 서귀포 시내로 들어가 늦은 저녁을 먹기로 한다.

남성정(南星亭)에서 바라본 하늘과 바다

한참을 자다가 휴대폰의 알람 소리에 깨어보니 새벽 다섯 시다. 얼른 잠옷 위에 외투를 걸치고 밖으로 나간다. 남쪽 수평선에서 노인성을 확인하기 위해서다. 오리온과 시리우스는 찾았다. 그리고 점점 시야를 남동쪽으로 내려가자 또 하나 밝은 빛이 있다. 저것인가 하는데, 갑자기 불빛이 사라졌다가 이내 다시 나타난다. 어선의 불빛인 모양이다. 하늘을 자세히 보니 지평선 부근에 안개가 끼어 사실상 시리우스도 그다지 밝게 보이지 않는다. 거기다 시내와 가까워 깊은 새벽이라고 하더라도 주변 가로등 불빛이 이만저만 방해하는 것이 아니다. 눈을 끔벅이며 좀 더 어두운 곳으로 옮겨서 수평선을 보지만, 노인성은 보이지 않는다.

그렇다면 나는 내가 태어나면서 얻은 수명만큼만 살아야 할 것이다. 제주도에 온 기회에 노인성을 보고 그 덕에 얼마간의 명줄을 늘여보고자 했지만, 역시 역사 속의 수많은 사람들처럼 노인성을 보기는 좀처럼 쉽지 않다. 포기하고 으스스한 몸으로 방 안에 다시 들어오니 다섯 시 반이다. 곧 동이 터올 것이다. 노인성을 보는 일이 전생에 쌓은 복덕에 관계되는 것이라면 나는 좀 무망한 것이 아닐까 불안해하며 끊어진 잠을 다시 청한다.

아침에 서귀포시 삼매봉 정상의 남성정에 오른다. 이곳은 옛날부터 남쪽 끝의 노인성을 관측했던 자리라고 하여 남성정(南星亭)이다. 삼매봉은 서귀포시 서홍동에 속한다고 하는데, 드라마「대장금」 촬영지로 잘 알려진 외돌개에서부터 계단길이 이어져 있는 봉우리다. 외돌개는 암벽이 파도에 깎여나간 곳에 외로운 바위 하나가 서 있는 모습이 가히 장관이라 많은 관광객들이 찾는 곳이다. 외돌개에

남성정으로 오르는 길가에 펼쳐진 감귤밭. 감귤들이 저마다 가지에 매달려 노랗게 익어가고 있다.

남성정에서 걸어서 닿는 외돌
개의 멋진 풍경. 드라마 「대장
금」의 촬영지가 되기도 했다.

이르기 전에 마을의 농로에서 시작된 길을 따라 삼매봉 정상으로 걸
어간다. 운동을 위해 오르는 몇몇 사람들이 있을 뿐 한산하다. 그만
큼 남성정과 노인성은 관광객들이 찾아야 할 만큼 의미 있는 대상은
아직 아닌 것이다. 길가는 대부분 노랗게 익어가는 귤들을 매단 귤
나무 밭이다. 정상부 가까운 곳에 방송탑이 있고 이곳을 지나면 봉
우리에 끝에 남성정이 있다. 이곳에서 사방으로 트인 시야와 바다에
서 불어오는 바람을 맞는 기분은 참으로 상쾌하다.

담팔수 다섯 그루가 빙 둘러 호위하는 정자의 처마 밑에 "옛 전설
간직하되 / 불로장생 누리고자 / 남극노인성을 / 예서 본다 했거늘
/ 옛님 놀던 자취에 / 일컬어 남성대라"라고 쓴 시가 걸려 있다. 이
곳에서 노인성을 보았다는 옛 전설은 각지의 천문대를 찾아다니는
나 같은 사람을 제외하면, 정자의 유래를 언급해야 할 시인에게서나

한번쯤 기억될 뿐인 화석인 것이다. 만일 제주에서 별 축제를 벌인다면 나는 이곳 삼매봉의 남성정에서 하고 싶다. 그리하면 돌이 되어 굳어버린 옛 이야기가 별을 보는 사람들의 마음속에서나마 되살아날 수 있지 않을까. 남쪽 바다를 바라보니 새끼 섬을 데리고 있는 문섬이 있고 그 앞으로는 망망대해가 하늘로 이어졌다. 옛 이야기 그대로 아무런 시야의 방해도 없는 이곳이 노인성을 볼 수 있는 절호의 장소라는 것을 알 수 있다. 새벽에 이곳에 왔더라면 혹시라도 노인성을 볼 수 있었을 듯하여 아쉽다.

외돌개 쪽으로 난 계단을 내려가다 보니 다리가 덜커덕거린다. 힘이 빠진 다리로 내리막 계단을 계속해서 내려가니 그런 모양이다. 외돌개의 해안 절벽 사이에 난 동굴은 2차 세계대전의 막바지에 미군의 공격에 대비해서 일본군이 어뢰를 숨기기 위해 만든 것이라고 한다. 만일 어떤 시인이 그 동굴을 자연 동굴로 여겨 '파도가 만든 오묘함'이라고 칭송했더라면 얼마나 우스꽝스러울까를 생각해본다. 역사가 없는 눈에 보이는 것은 그저 현상일 뿐이다. 별도 마찬가지다. 이야기가 없이 보는 별은 빛나는 한 점에 불과하다. 우리가 밤하늘의 별들에 부여하는 의미는 우리 마음속에 있는 것들을 투사한 것이다. 그래서 모든 것의 의미는 항상 우리가 마음에 간직한 역사와 이야기로부터 나온다. 오늘 밤 별은 나에게 어떻게 보이는가. 그 모습은 별의 모습이기도 하지만 바로 나의 모습이기도 하다. 서귀포에서 제주공항으로 돌아가는 길가에는 회백색 억새꽃이 물결로 흔들리고 있다.

사계절의 별자리

봄

북두칠성이 천정 가까이에 머문다. 고개를 한껏 젖히고 올려다보아야 하므로 미리 목운동을 해두는 것이 좋다. 국자 모양의 일곱 별을 찾으면 된다. 국자 손잡이의 휘어진 세 별을 이어가면 밝은 별 두 개가 기다린다. 목동자리의 아르크투루스와 처녀자리의 스피카이다. 북두칠성과 그 두 별을 이으면 봄의 커다란 곡선이 그려진다. 이 가상의 곡선은 봄 별자리를 찾는 길잡이이다.

사자자리에서 제일 밝은 별은 레굴루스이다. 그 위로는 별들이 낫 모양으로 휘어진다. 물음표를 좌우로 뒤집어놓은 것 같기도 하다. 두 번째로 밝은 별인 데네볼라는 아르크투루스, 스피카와 더불어 삼각형을 이룬다.

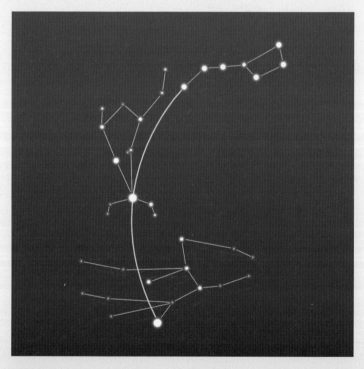

봄의 대곡선

봄 별자리 전체

여름

하늘 높이 직녀별과 데네브, 알타이르가 여름의 대삼각형을 이룬다. 여름밤을 장식하는 주인공들이다. 특히 직녀별은 천정 가까이 있어서 고개를 젖혀 올리면 바로 찾을 수 있다. 직녀 옆의 별들이 평행사변형으로 이어지면서 거문고자리가 된다. 데네브는 백조자리에서 제일 밝은 별이고 백조의 꼬리에 해당한다. 별자리의 별들을 선으로 이어보면 양 날개를 넓게 펴고, 목을 길게 내민 백조의 모습이 떠오른다. 백조는 남쪽으로 흐르는 은하수 위를 날고 있다.

은하수를 만나려면 도시를 벗어나 맑고 깨끗한 하늘 아래에 서야 한다. 아주 운이 좋다면 은하수 안에 길고 어두운 틈을 찾을 수 있다. 백조자리의 데네브에서부터 틈이 벌어져 있다. 알타이르는 여름 대삼각형의 세 별 가운데 제일 남쪽에 놓이고, 독수리자리의 으뜸별이다.

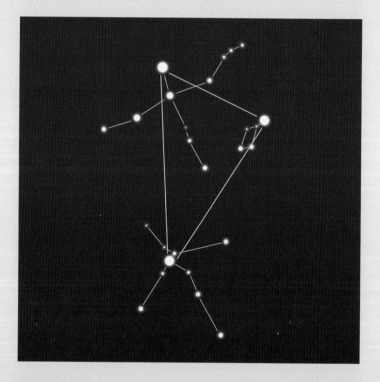

여름의 대삼각형

여름 별자리 전체

가을

하늘 높은 곳에 카시오페이아와 케페우스, 도마뱀자리가 머문다. 남쪽 하늘 위를 올려다보면 희미한 별 사이로 커다란 창문이 걸려 있다. 하늘을 나는 말〔馬〕 페가수스가 만드는 사각형이다. 사각형의 북동쪽 모서리 별 알페라츠는 사실 안드로메다자리에 속한다. 안드로메다자리는 알페라츠에서 시작해서 두 갈래로 별이 이어진다. 밤하늘이 맑고 어두운 곳에서는 안드로메다 은하가 솜털처럼 희미하게 보일 것이다.

페가수스 사각형을 길잡이 삼아 위로, 아래로 또 좌우로 눈 걸음을 옮겨보자. 가을 하늘의 별자리들을 차례로 만날 수 있다.

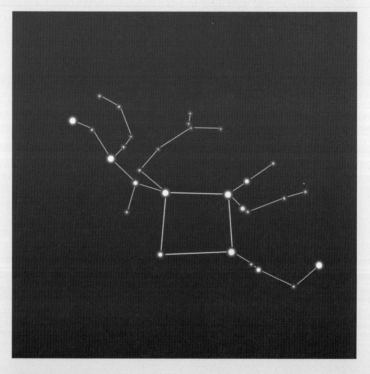

가을의 페가수스 삼각형

케페우스

카시오페이아

미르파크

페르세우스

알골

알마크

삼각형

안드로메다

테네브

도마뱀

백조

하말

가을의 사각형

양

페가수스

돌고래

조랑말

물고기

고래

물병

염소

포말하우트 남쪽물고기

가을 별자리 전체

겨울

남쪽 하늘에 밝은 별을 거느린 오리온자리가 기세등등하게 떠 있다. 겨울철
별자리의 좋은 길잡이가 된다. 겨울밤에는 오리온자리만 알아두면 다른 별
자리는 쉽게 찾아낼 수 있다. 오리온자리는 방패연을 닮아 있기도 하고, 모
래시계 같기도 하다. 별자리를 이루는 별이 모두 밝다. 북동쪽의 밝은 별은
'베텔게우스' 이며 붉은빛을 낸다. 반대쪽에 청백색의 별은 '리겔' 이다. 가
운데 나란히 있는 세 별은 금방 눈에 들어온다.

오리온자리의 왼쪽으로 큰개자리와 작은개자리가 있다. 두 별자리의 으뜸
별을 찾아 베텔게우스와 이으면 겨울의 대삼각형이 된다. 삼각형을 길잡이
로 하여 쌍둥이자리, 마차부자리, 황소자리가 둥글게 이어진다.

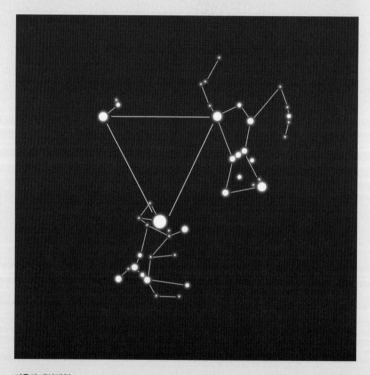

겨울의 대삼각형

겨울 별자리 전체

| 국내 천문대 목록 |

★ 국립 천문대

보현산천문대
boao.kasi.re.kr | 054-330-1000 | 경북 영천시 화북면 정각리 산6-3

소백산천문대
soao.kasi.re.kr | 043-422-1108 | 충북 단양군 단양읍 천동리 산 95

★ 시립 천문대

과천정보과학도서관 천문대
www.gclib.go.kr | 3677-0892 | 경기도 과천시 갈현동 677

광진 청소년수련관 천문대
www.starseoul.or.kr | 02-2204-3100 | 서울시 광진구 광장동 318

금련산청소년수련원
youth.busan.go.kr | 051-610-3221 | 부산광역시 수영구 광안4동 산60-3

김해천문대
astro.gsiseol.or.kr | 055-337-3785 | 경남 김해시 어방동 산2-80

누리천문대
www.gunpolib.or.kr/nuri | 031-501-7100 | 경기도 군포시 갈티마을 1길 107

대전시민천문대
star.metro.daejeon.kr | 042-863-8763 | 대전광역시 유성구 신성동 7-13

서귀포천문과학문화관
astronomy.seogwipo.go.kr | 064-739-9701 | 제주도 서귀포시 하원동 산70 탐라대학교 내

충주고구려천문과학관
www.gogostar.kr | 043-842-3247 | 충북 충주시 가금면 하구암리 산108

★ 군립 천문대

곡성섬진강천문대
www.stargs.or.kr | 061-363-8528 | 전남 구례군 구례읍 논곡리 829-2

국토정중앙천문대
www.ckobs.kr | 033-480-2586 | 강원도 양구군 남면 도촌리 96-5

반디별천문과학관
www.bandiland.com | 063-320-2182 | 전북 무주군 설천면 청량리 1011

별마로천문대
www.yao.or.kr | 033-374-7463 | 강원도 영월군 영월읍 영흥리 산59 봉래산

영양반딧불이천문대
firefly.yyg.go.kr | 054-680-6057 | 경북 영양군 수비면 수하리 255-1

예천천문과학문화센터
www.portsky.net | 054-654-1710 | 경북 예천군 감천면 덕율리 91

월성청소년수련원 천문대

moonstar.or.kr │ 055-945-1913 │ 경남 거창군 북상면 월성리 1608

정남진천문과학관

star.jangheung.go.kr │ 061-860-0651 │ 전남 장흥군 장흥읍 평화리 산7

★ **사립 천문대**

경희천문대

khao.khu.ac.kr │ 031-201-2470 │ 경기도 용인시 기흥구 서천동 1

금구원조각공원천문대

www.keumkuwon.org │ 063-584-6770 │ 전라북도 부안군 변산면 도청리 861-20

벌새꽃돌 자연탐사과학관

ntam.org │ 043-653-6534 │ 충북 제천시 봉양읍 옥전2리 913

서당골천문대

www.seodanggol.co.kr │ 043-543-3521 │ 충청북도 보은군 마로면 임곡리 14-2

성암천문대

http://science.gen.go.kr/gangsci/200022.htm │ 061-382-7456 │ 전남 담양군 수북면 대방리 산76

송암천문대

www.starsvalley.com │ 031-894-6000 │ 경기도 양주시 장흥면 석원리 410-5

안성천문대

www.nicestar.co.kr │ 031-677-2245 │ 경기도 안성시 미양면 강덕리 79-14

여주청소년수련원 세종천문대

www.sejongobs.co.kr │ 031-886-4147 │ 경기도 여주군 강천면 부평리 472-2

연세대학교천문대(일산 관측소)

obs.yonsei.ac.kr │ 02-2123-3439 │ 경기도 고양시 일산동구 중산마을 1202동 뒤편에 위치

양평국제천문대

www.ngc7000.co.kr │ 031-775-0822 │ 경기도 양평군 옥천면 용천리 산29-10

우리별천문대

www.ourstar.net │ 033-345-8471 │ 강원도 횡성군 공근면 상창봉리 264-4

유리별천문대

http://skatjdgus.cafe24.com/rbong │ 033-345-8471 │ 강원도 횡성군 공근면 상창봉리 264-4

자연과 별

www.naturestar.co.kr │ 031-581-4001 │ 경기도 가평군 북면 백둔리 122-3

중미산천문대

www.astrocafe.co.kr │ 031-771-0306 │ 경기도 양평군 옥천면 신복리 117-1

천문인마을

www.astrovil.co.kr │ 033-342-9023 │ 강원도 횡성군 강림면 월현리 352-2

코스모피아천문대

www.cosmopia.net │ 031-585-0482 │ 경기도 가평군 하면 상판리 86

하늘별마을 만행산 천문체험관

www.skystarville.or.kr │ 063-626-9009 │ 전북 남원시 산동면 대상리 579-3